Principles and Applications of Electrochemiluminescence

电化学发光原理及应用

韩振刚
霍淑慧
祝振童 | 等 编著

化学工业出版社
·北京·

内容简介

本书主要介绍了电化学发光原理、无机电化学发光体系、有机电化学发光体系、聚集诱导电化学发光、电化学发光分析传感器、电化学发光免疫分析、电化学发光细胞传感器、电化学发光基因传感器等。具体包括国内外电化学发光技术的研究进展，新型电化学发光系统、新型传感机制、电化学发光的应用策略以及典型的传感应用等。

本书可供从事电化学发光研究和应用的各类技术人员参考，也可作为相关学校的教材。

图书在版编目（CIP）数据

电化学发光原理及应用 / 韩振刚等编著. -- 北京：化学工业出版社，2024.9. -- ISBN 978-7-122-45955-8

Ⅰ. O482.31

中国国家版本馆 CIP 数据核字第 2024MY0299 号

责任编辑：赵卫娟　　　　　　　文字编辑：范伟鑫
责任校对：宋　玮　　　　　　　装帧设计：王晓宇

出版发行：化学工业出版社
　　　　　（北京市东城区青年湖南街 13 号　邮政编码 100011）
印　　装：北京科印技术咨询服务有限公司数码印刷分部
710mm×1000mm　1/16　印张 13¼　字数 207 千字
2024 年 8 月北京第 1 版第 1 次印刷

购书咨询：010-64518888　　　　　售后服务：010-64518899
网　　址：http://www.cip.com.cn
凡购买本书，如有缺损质量问题，本社销售中心负责调换。

定　　价：98.00 元　　　　　　　　版权所有　违者必究

前言

　　电化学发光，又称电致化学发光，是指在电极表面产生的物质经过电子转移反应，形成激发态而发光的过程。由于电化学发光是通过电激发生成自由基的双分子重组而发光的，其发光机理可根据自由基的来源分为两类，即湮灭型机理和共反应型机理。前者是由单个发光体产生的自由基，而后者是发光体与共聚物之间的一组双分子电化学反应。发光体在电能向辐射能的转化中起着关键作用。总体来看，目前主要有三种类型的电化学发光体，包括钌（Ⅱ）配合物、发光氨和量子点，已被广泛应用于绝大多数的电化学发光研究中。

　　从某种意义上说，电化学发光是电化学和光谱学的完美结合。一方面，电化学发光不仅具有传统化学发光的灵敏度和宽动态范围，而且具有电化学方法简单、稳定、方便等优点。另一方面，电化学发光作为一种发光技术，与光致发光和化学发光等其他发光方法相比，具有独特的优势。具体而言，与化学发光相比，电化学发光具有更短的光发射时间和更好的空间控制能力。此外，电化学发光中没有激发光，保证了接近零背景，而光致发光则受到非选择性光激发诱导背景的影响。因此，电化学发光现在已经成为一种强大的分析技术，并被广泛应用于环境、食品、水质和免疫传感分析中，实现了从基础研究到传感痕量目标分子的实际应用。

　　尽管如此，目前国内尚缺乏系统介绍电化学发光及其应用的参考书籍。因此，本书汇集了西北师范大学有机电分析化学研究组在电化学发光领域多年的研究积累，查阅和整理了近些年来电化学发光领域的一些重要进展，将其汇编成书，以供读者学习和参考。

　　本书由西北师范大学化学化工学院的韩振刚、霍淑慧和祝振童等编写。主要分为 8 章，具体包括第 1 章引言，第 2 章无机电化学发光体系，第 3 章有机电化学发光体系，第 4 章聚集诱导电化学发光，第 5 章电化学发光分析传感器，第 6 章电化学发光免疫分析，第 7 章电化学发光细胞传感器，第 8 章电化学发光基因传感器。该书可以作为化学、材料等相关专业本科生和研究生的专业教材，也可供对电化学发光方法和传感器的一般原理感兴趣的读者参考。

由于作者水平有限，本书中难免存在不足，敬请广大读者批评指正。

编者
2024 年 6 月

目录

第 1 章
引 言

1.1　电化学发光简介

电化学发光又称电致化学发光（electrochemiluminescence，ECL），是指在电极表面产生的物质发生电子转移反应，形成激发态而发光的过程[1]。从某种意义上说，电化学发光是电化学和光谱方法的理想结合，兼具二者的优点。作为一种发光技术，电化学发光与其他发光方法如光致发光（photoluminescence，PL）、化学发光（chemiluminescence，CL）和电致发光（electroluminescence，EL）相比，具有独特的优势。具体而言，与化学发光相比，电化学发光对光发射具有更优越的时空控制。与光致发光相比，电化学发光不需要额外的光源，且背景信号干扰低[2]。与电致发光相比，电化学发光与电化学和化学反应有关[3]，它结合了电化学法的可控性和化学发光法的高灵敏度。电化学发光不仅具有传统化学发光的高灵敏度和宽动态范围，而且具有比化学发光方法简单、稳定和方便等优点。此外电化学发光还具有装置简单、操作方便、检测快速、可进行原位检测、容易实现自动化以及能与多种技术（如流动注射、高效液相色谱及毛细管电泳等）联用的特点。已被成功应用于商业化实际样品检测的例子是罗氏公司以 $Ru(bpy)_3^{2+}$/TPrA[三(2,2'-联吡啶)钌（Ⅱ）/三丙胺]体系[4] 研发的电化学发光仪应用于生物免疫体系的检测，每年可产生上亿美元的收益，体现了电化学发光在生命分析化学领域独特的优势。因此，电化学发光现已成为一种强大的分析技术，并被广泛应用于众多领域中，实现了从基础研究到传感痕量目标分子的实际应用。目前，电化学发光分析研究的主要方向是寻找新的电化学发光分子以及扩展其在医学及环境分析中的应用。

1.2　电化学发光基本原理

为了更清楚地理解电化学发光传感的原理，在这里简要介绍电化学发光的机理。由于电化学发光是通过电激发生成自由基的双分子重组而产生的，因此其产生机理按自由基来源可分为两类，即湮灭型机理和共反应型机理。对于前者，自由基由单个发光体产生，而后者则涉及发光体与共反应剂之间的双分子电化学反应[5]。在离子湮灭中，通过施加交变脉冲电压，电化学发光团被电化学氧化或还原产生自由基阳离子或自由基阴离子，然后产生的自由基离子被湮灭产生激发态物质，该激发态物质返回到基态即可发光。离子湮灭过程通常在有机溶剂中进行，因为发光中间体自由基阳离子和阴离子在有机溶剂中稳定性较好[6]。然而，在有机溶剂中的电化学发光难以应用到生物传感领域，因为生化相互作用主要在水溶液中进行。

1.2.1　湮灭型机理

湮灭型电化学发光通常是指芳香型化合物在有机溶剂中的宽电位窗口下产生稳定的阳离子自由基和阴离子自由基，二者之间发生电子转移反应而形成激发态，最后弛豫到基态而产生发光现象。当对电极施加双阶跃正负脉冲电压时，电化学发光体 R 在电极附近被电化学氧化或还原产生自由基阳离子 $R^{\cdot+}$ 或自由基阴离子 $R^{\cdot-}$，生成的 $R^{\cdot+}$ 和 $R^{\cdot-}$ 进一步反应生成激发态 R^*，R^* 返回基态发光[7]。根据产生激发态产物的类型，湮灭过程可以进一步分为三种路径，即 S-路径、T-路径和 E-路径[8]。对于 S-路径，湮灭后形成单线激发态 $1R^*$ ［式（1-3）］，而 T-路径由于能量不充足先产生三线激发态 $3R^*$ ［式（1-5）］，并通过三重态-三重态湮灭进一步过渡到单线激发态 $1R^*$ ［式（1-6）］，$1R^*$ 在弛豫时发光［式（1-7）］[9]。与 S-路径和 T-路径不同，E-路径生成准分子（激发态二聚体）［式（1-8）］，电化学发光信号是在激发态转变为基态时产生的［式（1-9）］。

S-路径：

$$R-e^- \rightarrow R^{\cdot+}（形成自由基阳离子）\tag{1-1}$$

$$R+e^- \rightarrow R^{\cdot-}（形成自由基阴离子）\tag{1-2}$$

$$R^{\cdot+}+R^{\cdot-} \rightarrow 1R^*+R（形成单线激发态）\tag{1-3}$$

$$1R^* \rightarrow R+h\nu（电化学发光）\tag{1-4}$$

T-路径：

$$R^{\cdot+}+R^{\cdot-} \rightarrow 3R^*+R（形成三线激发态）\tag{1-5}$$

$$3R^*+3R^* \rightarrow 1R^*+R（三重态湮灭）\tag{1-6}$$

$$3R^* \rightarrow R+h\nu（电化学发光）\tag{1-7}$$

E-路径：

$$R^{·+} + R^{·-} \rightarrow 2R^* \quad （准分子形成） \tag{1-8}$$

$$R^{·+} + R'^{·-} \rightarrow (RR')^* \quad （激发复合体形成） \tag{1-9}$$

在湮灭型电化学发光中发光物质可以是同一种物质，也可以是不同物质，同一物质时发光体本身既发生氧化反应又发生还原反应，当为不同发光体时，其中一个发生氧化反应，另一个发生还原反应[10]。

在湮灭机理探究过程中，环境中氧气的存在对自由基离子的稳定性具有很大影响，并且在测试过程中水介质和氧气也会参与反应，很大程度上会干扰实验结果。为彻底消除空气和水介质对实验结果的干扰，此类实验对环境的要求较为苛刻，如实验前必须对所需实验装置（电解池，电极）进行特殊处理，对溶剂和支持电解质也有较高要求且整个测试阶段都应在饱和氮气氛围下进行。虽然，湮灭型电化学发光反应发生条件较为苛刻，但其优势在于无需在体系中引入任何外加组分，从而有利于进行电化学发光机理的研究。但是，由于生化相互作用主要在水溶液中进行，湮灭过程通常在有机溶剂中进行，因此湮灭型电化学发光难以应用于生物传感领域，限制了其分析检测应用范围。

1.2.2 共反应型机理

在共反应型电化学发光过程中，电化学发光主要是在含有发光体和共反应剂的溶液中进行，在电极上进行单向电位扫描产生[11]。一般来说，共反应剂可以很容易地被氧化或还原而产生强氧化还原能力的自由基，最终用于电化学发光过程的进一步反应。发光体和共反应剂都可以先被氧化（或还原），然后由已被氧化（或还原）的共反应剂产生的中间体分解为具有强还原性（或氧化性）物质，最后被氧化/还原的发光体与还原性/氧化性物质发生化学反应，生成与发光体相关化合物的激发态，最后由该化合物产生发光信号。这个反应通常在共反应剂化学键断裂形成强氧化物或强还原物时发生。相比于湮灭型电化学发光，共反应型缩小了电位窗口范围。其次，发生共反应型电化学发光反应的限制条件较少，便于促进水相中电化学发光的研究，进而扩大了电化学发光技术的应用范围；此外，共反应剂的引入提高了电化学发光的效率，甚至对于一些只具有可逆电化学还原或氧化性质的荧光化合物，当氧化和还原性物质之间不能有效发生湮灭反应时，使用共反应剂可能使其产生强烈的电化学发光现象。在宽电位窗口下测试湮灭途径，一些发光体在电激发下产生的阴阳离子自由基寿命较短且不稳定，导致其电化学发光强度较弱，不利于机理的研究。因此，这种共反应电化学发光路径已经被用来增强电化学发光信号，即使对于强电化学发光体，如 $Ru(bpy)_3^{2+}$。更重要的是，所使用的反应物不会对溶液中的分析物产生任何干扰。在环境科学、化学分析、生命科学等各大研究领域的电化学发光分析技术中，多数采用共反应型电化学发光技术。此外，反应物和分析物的氧化和还原反应同时进行，以便它们在电极附近进一步反应。

在共反应型电化学发光过程中，常见的共反应剂有氧化-还原型共反应剂和还原-氧化型共反应剂两种。

（1）氧化-还原型电化学发光

氧化-还原型电化学发光的共反应剂也被称作阳极共反应剂，主要有过氧化氢、草酸盐（$C_2O_4^{2-}$）、2-（二丁氨基）乙醇（DBAE）和三丙胺（TPrA）等。氧化-还原型电化学发光在电极表面共反应剂发生失电子氧化反应产生相应的自由基中间体，二者之间经过电子转移反应产生发光物质的激发态，激发态返回基态产生发光现象。这类反应中最常见的是 $Ru(bpy)_3^{2+}$/三丙胺（TPrA）体系，这也是目前商业化电化学发光免疫分析的基础。如图 1.1（a）所示，共反应型方法是由 Bard 等首先引入的，他们分别在没有和存在 $Ru(bpy)_3^{2+}$ 发光团的情况下，在乙腈中研究了草酸盐在阳极区的电化学反应，草酸与 $Ru(bpy)_3^{2+}$ 同时被氧化，氧化后的草酸发生化学反应，生成还原能力强的还原剂 $CO_2^{\cdot-}$，与此同时 $Ru(bpy)_3^{2+}$ 发光团也被氧化成 $Ru(bpy)_3^{3+}$。接着阴离子自由基 $CO_2^{\cdot-}$ 与氧化生成的阳离子自由基 $Ru(bpy)_3^{3+}$ 反应生成激发态 $Ru(bpy)_3^{2+*}$，然后回到基态产生电化学发光，如图 1.1（a）[12] 所示。草酸盐共反应剂也在 $Ru(bpy)_3^{2+}$ 存在的水介质中进行了电化学发光性能测试，结果表明该体系可以释放出强烈的橙色电化学发光信号[13]。$Ru(bpy)_3^{2+}$/$C_2O_4^{2-}$ 体系是研究较为经典的氧化-还原型电化学发光体系，其机理如下：

$$Ru(bpy)_3^{2+} - e^- \longrightarrow Ru(bpy)_3^{3+} \tag{1-10}$$

$$Ru(bpy)_3^{3+} + C_2O_4^{2-} \longrightarrow Ru(bpy)_3^{2+} + C_2O_4^{\cdot-} \tag{1-11}$$

$$C_2O_4^{\cdot-} \longrightarrow CO_2^{\cdot-} + CO_2 \tag{1-12}$$

$$Ru(bpy)_3^{3+} + CO_2^{\cdot-} \longrightarrow Ru(bpy)_3^{2+*} + CO_2 \tag{1-13}$$

$$Ru(bpy)_3^{2+} + CO_2^{\cdot -} \longrightarrow Ru(bpy)_3^{+} + CO_2 \qquad (1\text{-}14)$$

$$Ru(bpy)_3^{3+} + Ru(bpy)_3^{+} \longrightarrow Ru(bpy)_3^{2+*} + Ru(bpy)_3^{2+} \qquad (1\text{-}15)$$

$$Ru(bpy)_3^{2+*} \longrightarrow Ru(bpy)_3^{2+} + h\nu \qquad (1\text{-}16)$$

有机胺通过与 $Ru(bpy)_3^{3+}$ 发生化学反应而产生较强的化学发光现象，同时发现在该过程中这些化合物也可以被电化学氧化生成高活性中间体。Zu 和 Bard 通过电化学发光实验对三丙胺进行了详细研究。他们采用典型的电化学发光研究方法，如电化学发光电压曲线和电化学发光光谱，研究了工作电极材料，如 Au、Pt 和玻碳，对三丙胺促进电化学发光的影响[14]。结果表明，在玻碳电极表面，电化学发光强度更强，TPrA 的氧化比在 Pt 和 Au 电极上更容易进行。此外，还研究了卤化物对电极表面性能和 TPrA 氧化的影响。他们提出了电化学发光机制主要是基于 TPrA 自由基与 $Ru(bpy)_3^{3+}$ 的反应 [图 1.1（b）]，导致了激发态

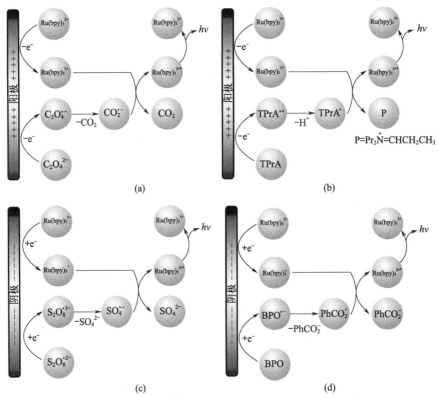

图 1.1　$Ru(bpy)_3^{3+}$ 与还原性[(a)草酸盐，(b) TPrA]、
氧化性[(c)过硫酸盐，(d) BPO]共反应剂在典型电化学发光过程中的共反应机理

Ru(bpy)$_3^{2+*}$ 的产生。与此同时，Miao，Choi 和 Bard 在三丙胺促进的电化学发光电压曲线中发现了两个电化学发光波（图 1.2）[15]。在电极表面氧化 TPrA 后，生成的阳离子自由基会失去一个质子，形成高活性的 TPrA 自由基 TPrA·。紧接着，TPrA· 向被分析物的 LUMO（最低未占据分子轨道）注入一个电子，形成激发态的分析物。最后发生了 TPrA· 与 Ru(bpy)$_3^{3+}$ ［图 1.3（a）中的路径 a］之间的特异性反应 ［图 1.3（b）中的路径 b］。然而，图 1.2 中 Ru(bpy)$_3^{2+}$ 氧化前的第一个电化学发光波至今仍然无法进行合理的解释。Bard 团队巧妙地使用扫描电化学显微技术，电子自旋共振和电化学模拟发现 TPrA·+ 可以与 Ru(bpy)$_3^+$ 反应生成 Ru(bpy)$_3^{2+*}$ ［图 1.3（c）中的路径 c］。Svir 和 Amatore 等通过比较分别在第一和第二电化学发光波产生 Ru(bpy)$_3^{2+*}$ 的四种主要物质的模拟浓度分布[16]，证实了这一观点。

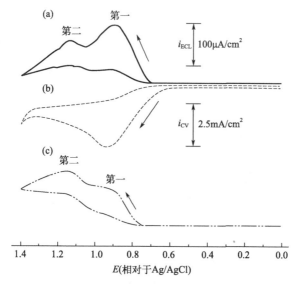

图 1.2　Ru(bpy)$_3^{3+}$ 与 TPrA 反应的电化学发光电压曲线

（a）1.0nmol/L Ru(bpy)$_3^{2+}$ 在 0.10mol/L TPrA 和 0.10mol/L Tris/0.10mol/L LiClO$_4$ 缓冲溶液（pH＝8）存在下，在直径为 3mm 的玻碳电极上，以 50mV/s 的扫描速率进行的电化学发光和（b）循环伏安图；（c）与（a）相同，但含有 1.0μmol/L Ru(bpy)$_3^{2+}$；（c）的电化学发光强度刻度已给出，（a）应乘以 100[15]

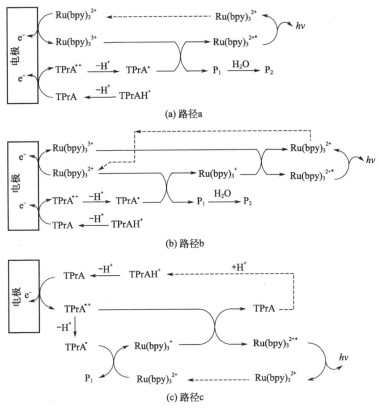

图 1.3　$Ru(bpy)_3{}^{2+}$/TPrA 体系的电化学发光路线[15]

　　氧化-还原型电化学发光中的第二种电化学发光体系是鲁米诺（2,3-氨基苯肼）/H_2O_2。在该体系中，鲁米诺在过氧化氢的存在下被电化学氧化（+0.6V，相对于 SCE），生成能发出蓝光（$\lambda_{max}=425nm$）的 3-氨基苯二甲酸。

　　（2）还原-氧化型电化学发光

　　通过将过硫酸盐（$S_2O_8^{2-}$）电化学激发而生成强氧化性物种，White 和 Bard 在水和乙腈（1:1）混合体系中系统研究了 $Ru(bpy)_3{}^{2+}$/$S_2O_8^{2-}$ 共反应剂体系的发光过程，其中过硫酸盐被还原为硫酸盐阴离子自由基（$SO_4^{\cdot-}$）和硫酸盐离子（SO_4^{2-}）。$SO_4^{\cdot-}$ 为一种强氧化剂。在电位非常接近条件下，$Ru(bpy)_3{}^{2+}$ 被还原为 $Ru(bpy)_3{}^+$，然后与 $SO_4^{\cdot-}$ 反应，通过从 $Ru(bpy)_3{}^+$ 的 HOMO（最高占据分子轨道）上获取一个电子，产

生的激发态 $Ru(bpy)_3^{2+*}$ 在乙腈溶液中发生非常强的电化学发光信号，在实验室正常光照条件下肉眼可见，其电化学发光效率约为 5%，反应机理如下[17]：

$$S_2O_8^{2-} + e^- \longrightarrow SO_4^{\cdot-} + SO_4^{2-} \tag{1-17}$$

$$Ru(bpy)_3^{2+} + e^- \longrightarrow Ru(bpy)_3^+ \tag{1-18}$$

$$Ru(bpy)_3^+ + SO_4^{\cdot-} \longrightarrow Ru(bpy)_3^{2+*} + SO_4^{2-} \tag{1-19}$$

$$Ru(bpy)_3^{2+} + SO_4^{\cdot-} \longrightarrow Ru(bpy)_3^{3+} + SO_4^{2-} \tag{1-20}$$

$$Ru(bpy)_3^{3+} + Ru(bpy)_3^+ \longrightarrow Ru(bpy)_3^{2+} + Ru(bpy)_3^{2+*} \tag{1-21}$$

$$Ru(bpy)_3^{2+*} \longrightarrow Ru(bpy)_3^{2+} + h\nu \tag{1-22}$$

同样地，共反应剂过氧化苯甲酰也可以在负电位扫描条件下被还原生成苯甲酯自由基，它是一种具有强氧化性的共反应剂，氧化电位为 $+1.5V$[18]。Bard 课题组还探究了卤化物离子[14]、不同的三烷基胺和复合介质[19]，以及电极表面疏水性[20] 等变量对电化学发光强度的影响。结果表明当湮灭路径中生成的自由基离子寿命较短时，利用共反应剂可以捕获在工作电极表面产生的自由基离子，用于促进电化学发光反应的发生。更重要的是，使用共反应剂可以显著减小工作电位窗口，使得分析物和共反应物可以在接近的电位下相互作用。

1.3 电化学发光体

根据发光体的不同，电化学发光体系一般可分为无机体系、有机体系和新型的聚集诱导发光体系三大类。具体而言，无机体系是指金属配合物，主要包括钌配合物和铱配合物。有机体系包括蒽、芴、鲁米诺及卟啉等有机杂环化合物。自 2002 年 Bard 等在硅半导体纳米晶体（也称为量子点）的电化学发光方面有了开创性突破以来，量子点、贵金属团簇和碳纳米材料等各种纳米材料的电化学发光性能也得到了广泛的研究。

1.3.1 无机材料发光体

在无机发光基团中，三(2,2′-联吡啶) 钌（Ⅱ）[$Ru(bpy)_3^{2+}$] 是最经典的，已被成功地应用于商业化实际样品检测。与常用的 $Ru(bpy)_3^{2+}$

相比，环金属化铱（Ⅲ）配合物通常具有优异的光致发光效率和易于调节的发射光谱，因此在过去几年中成为引人注目的电化学发光体。Zhou 等通过修饰主配体和改变配位模式，设计、合成了一系列环金属化铱（Ⅲ）与 2-苯基喹啉或其衍生物的配合物，并从光物理、电化学和电化学发光几个维度展开了深入研究[21]。通过在 2-苯基喹啉中加入甲基，相应的配合物表现出了较低的氧化电位和较高的 HOMO 能级。与在乙腈溶液中使用 $Ru(bpy)_3^{2+}$ 相比，其在电化学发光方面要强得多。需要指出的是，环金属化铱（Ⅲ）配合物的电化学发光研究主要是在有机介质中进行的，而在水介质或水/有机介质中研究甚少。De Cola 等人报道了双环金属化铱（Ⅲ）配合物[Ir-(ĈN)$_2$(L*X)]（ĈN＝环金属化配体，L*X＝吡啶甲酸酯，乙酰丙酮酸酯）在有机溶剂和水缓冲溶液（商业免疫测定中使用）中的光致发光和电化学发光行为[22]。结果表明，对氰根配体进行修饰可以使它们的电化学发光效率提高并超越商用钌基金属配合物体系。尤其基于苯基菲啶作为氰根配体的配合物显示出比商用设备中使用的 $Ru(bpy)_3^{2+}$ 高约 3 倍的电化学发光信号。

电化学发光固有的电位激发和发射过程，使其可能通过在包含不同发光团的单个体系中同时产生多个发射顺序进行多路检测。之前的报道表明选择性地从两个或多个过渡金属络合发光团的混合物中激发共反应剂而产生电化学发光的可行性，其发光颜色和氧化电位之间存在明显的差异。然而，混合跃迁金属配合物体系在单一溶液中的湮灭电化学发光还有待探索。Hogan 及其同事利用电化学电池和 CCD 光谱仪对发光光谱进行瞬时收集，研究了一系列含有 $Ru(bpy)_3^{2+}$ 和各种环金属化铱（Ⅲ）配合物的混合湮灭电化学发光体系的多色发光，结果显示了绿色与蓝色的电化学发光信号。该体系中可以实现多个发光体同时发光，并且发光的整体颜色可以通过施加电极电位，利用多次还原和氧化反应来进行调节[23]。在后续的报道中，他们研究了混合发光团湮灭电化学发光的详细机制[24]。最终通过共振能量转移和电子转移途径等互补机制来合理化分析结果。

除了这些混合电化学发光体系外，来自单个分子发光体的可变颜色电化学发光也有报道。Hogan 等人研究了 *fac*-tris[5-(4-氟-3-甲基苯基)-1-甲基-3-*n*-丙基-[1,2,4]-三唑基]铱（Ⅲ）配合物[25]，可以通过改变施加的电位可逆地产生几种不同的颜色，包括红色、绿色、蓝色和白色。利用3D 电化学发光技术研究了湮灭型电化学发光的机制，在伏安扫描过程中，连续监测电化学发光光谱曲线与电位间的函数关系。结果表明，该体系中的多色电化学发光是由两种发光产物的形成而产生的。产物中至少有一种是由甲基与三唑的氧化解离引起的。在另一项工作中，Sun 的团队合成了双金属 Ru-Os 配合物，$[(bpy)_2Ru\text{-}(bpy)(CH_2)_n(bpy)Os(bpy)_2]^{4+}$ 通过柔性饱和 C 链连接红色 Ru 和近红外的 Os 电化学发光基团，进而获得红外/近红外双发射电化学发光，在约 620nm 和 730nm 处分别是 Ru 和 Os 发射峰[26]。

自首次报道硅量子点的电化学发光现象以来，包括 CdS、CdSe、CdTe、ZnS、Ag_2Se 以及相应的合金或核壳结构量子点在内的多种量子点相继被报道。此外，近年来出现了各种各样的新型无机纳米材料，并作为有效的电化学发光体受到广泛关注，其中包括碳纳米点、贵金属纳米团簇、类石墨的氮化碳、上转换纳米颗粒和聚合物量子点等。

金纳米团簇（Au NCs）由于其离散的电子能量和直接的电子跃迁，使其成为一种新型的电化学发光纳米材料而诞生。然而，Au NCs 的应用受到其相对较低的光致发光和电化学发光效率的限制。Wang 小组通过将共反应剂 N,N'-二乙基乙二胺（DEDA）附着在硫辛酸稳定的、具有匹配氧化还原活性的 Au（Au-LA）团簇上，显著提高了其电化学发光效率[27]。这种设计降低了自由基中间体生命周期中反应物之间的质量传递的复杂性。每个 Au 簇和多个 DEDA 配体的多个能态也有助于提高电化学发光效率，其效率比标准的 $Ru(bpy)_3^{2+}$/TPrA 体系提高了约 3 倍。

自首次报道聚（9,9-二辛基芴-苯并噻唑）量子点在乙腈溶液中的电化学发光以来，聚合物量子点（PDs）作为较有前途的电化学发光纳米发光材料引起了越来越多研究者的关注。然而，由于 PDs 的水溶性较差，这类电化学发光体系只能在有机溶剂中工作。所使用的有机溶剂的毒性使得 PDs 在电化学发光领域的应用也面临着巨大挑战。因此，亲水性 PDs 的合成以及其在水溶液中的电化学发光性能至关重要。以 Triton X-100 为溶剂，Dai 等人合成了稳定、均匀、亲水性的聚苯乙烯共轭聚合物，聚[2-甲氧基-5-(2-乙基己氧基)-1,4-苯基乙烯基]（MEH-PPV）[28]。在不含共反应剂的情况下切换阳极和阴极电位，PDs 表现出湮灭电化学发光性能，在 TPrA 和 $S_2O_8^{2-}$ 的存在下，PDs 分别发射出明亮的阳极和阴极电化学发光信号。非表面态电化学发光机制和可调的带隙使得多色 PDs 的合成和应用成为可能。Chen 等人发现了水溶性 PFO 量子点[聚(9,9-二辛基芴基-2,7-二基）]以 $Na_2C_2O_4$ 为共聚物的阳极电化学发光行为。在三聚氰胺对 $PFO/C_2O_4^{2-}$ 体系电化学发光信号猝灭作用的基础上，进一步开发了一种新的三聚氰胺电化学发光传感方法[29]。随后，用纳米沉淀法将一种含有聚硅氧烷和 9-辛基-9H-咔唑的供体-受体共轭聚合物骨架进一步制备成 PDs 材料[30]。所得到的 PDs 被证明是一个具有低电位的电化学发光体，在水溶液中存在共反应剂 TPrA 时，其在 +0.78V（相对于 Ag/AgCl）的强阳极电位下会发生电化学发光。

金属-有机骨架（MOF）由于高传质能力和电催化效率，具有很好的电化学发光活性。Yin 等人报道了使用 $[Ru(4,4'-(HO_2C)_2-bpy)_2bpy]^{2+}$ 和 Zn^{2+} 合成了具有氧化还原活性 MOF 的电化学发光现象[31]。MOF 材料的结构与电荷无关，因此在电化学上是稳定的。他们还观察到电化学发光对 TPrA 共反应剂的浓度具有一定的依赖性，这在之前相关的 MOF 研究中没有被报道过。其较强的电化学发光表明 MOF 和共反应剂之间存在良好的电子转移反应。因此，该类 MOF 电化学发光材料有望代替有机分子，成为一种潜在的电化学发光体。然而，基于 CD 的 MOF 的电化学发光行为报道较少。Zhu 等人报道了以 $K_2S_2O_8$ 为共反应剂，Pb（Ⅱ）-β-cyclodextrin（Pb-β-CD）MOF 材料可以表现优异的电化学发光行为[32]。Pb-β-CD 对 $AuCl_4^-$ 和 Ag^- 也表现出较强的还原能力。在不添加任何其他还原剂的情况下，在 Pb-β-CD 上原位形成金和银纳米粒子[33]。掺杂的金、银纳米粒子可以显著提高电化学发光强度，同时还增加了生物相容性，有利于电化学发光生物传感器的构建。

1.3.2 有机材料发光体

在过去的几年里，芘及其衍生物由于其固有的优点，如良好的稳定性、功能柔韧度、快速的电子转移速率、优异的光学性能和低成本而引起了人们的广泛关注。芘及其衍生物已被证明具有较强的电化学发光活性，但它们较差的溶解度和自由基离子稳定性问题限制了它们在水溶液中的应用。解决这一问题的有效方法之一是通过引入亲水性基团（如羧基和酰胺）来合成一些新的芘衍生物，从而提高其水溶性。Chen 等人首次发现了 3,4,9,10-芘四羧酸二酐（记为 PTC-NH$_2$）在以 $K_2S_2O_8$ 为共聚物的水溶液中氨解产物的阴极电化学发光行为[34]。基于多巴胺（DA）可以有效地猝灭电化学发光信号中的 PTC-NH$_2$，使用该体系成功实现了对 DA 的高效检测。但是由于水溶性有限，PTC-NH$_2$ 单独存在下的电化学发光效率低，这使得它必须依赖于外源试剂 K$_2$S$_2$O$_8$ 作为共反应剂来进一步促进。在对照实验中，Zhao 等人使用一种新型共价交联聚亚胺组成的芘衍生物（PTC-PEI）和芘四羧酸（PTCA），研究了它们在水溶液中的阴极电化学发光。结果表明，内源性溶解氧作为共反应剂对这类 PTC-PEI 的电化学发光性能产生了有利的促进作用，电化学发光效率高于其他芘衍生物[35]。

1.3.3　聚集诱导材料发光体

2001 年，唐本忠等人发现了一个有趣的现象——聚集诱导电化学发光（AIECL），它有效克服了普遍存在的聚集诱导猝灭（ACQ）效应所带来的棘手问题[36]。尽管传统发光材料在分散溶剂中具有良好的发光性能，但在许多情况下，聚集行为会严重影响其发光性能。当受到水介质或固相影响时，由于分子间 π-π 堆叠相互作用，使得这些发光分子几乎无法维持其优异的发光性能，特别是在生物系统或有机发光二极管（OLED）等实际应用中。虽然这些领域近年来发展迅速，但可用材料仍然有限，特别是在水介质中的应用。为解决这一难题，众多科学家已经作出了很多努力，一方面是合成水溶性发光材料，如金纳米粒子、量子点等；另一方面是使用两亲性表面活性剂，如 Triton X-100，来形成均匀的胶束。唐本忠团队已经开发了多种聚集诱导发光（AIE）分子，如六苯基噻咯（HPS）和四苯基乙烯（TPE），来解决这个棘手的问题（图 1.4）。通过对结构-性质关系的研究发现，限制分子间旋转和扭曲有助于提高 AIE 发光体的量子产率，同时可以防止准分子、聚集体的形成和分子间电荷转移。AIE 分子通常具有可以自由旋转的分子结构，在分散态时由于其分子内的旋转或振动，激发态能量以非辐射跃迁的形式耗散，导致发光较弱或不发光；而在聚集态时其分子内运动受限，能量以辐射跃迁的形式释放，因而发光显著增强。

值得注意的是，将 AIE 发光物质与水介质或固体介质中的电化学发光方法可以进行有效地结合，该现象被命名为 AIECL。受 AIECL 的第一篇报告的影响与启发，许多具有聚集诱导电化学发光特性的发光体陆续被报道出来，从小分子、有机和无机，到聚合物和复合材料。不同类型的聚

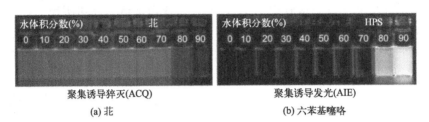

聚集诱导猝灭(ACQ)　　　　　　　　聚集诱导发光(AIE)

(a) 芘　　　　　　　　　　　　　　(b) 六苯基噻咯

图 1.4　芘和六苯基噻咯在不同比例的四氢呋喃/水混合溶剂中的荧光照片

集体，如纳米颗粒（NPs）、纳米团簇（NCs）、聚合物量子点（PDs）等，都显示出聚集诱导电化学发光的特性。在以上这些例子中，聚集时发生电化学发光的机制都是类似的，即聚集时改变了发光体的氧化还原性质，引入了新的激发态或改变发射态的性质。当然，更多的聚集诱导发光体系也实现了其在分析中的应用，以检测各种分析物，从重金属到生物大分子等。通过研究疏水发光团在水溶液中的聚集趋势，聚集诱导电化学发光体系已被证明是将电化学发光分析方法扩展到水相检测的一种有效途径，并且显示出优异的效率和选择性。

到目前为止，大多数聚集诱导电化学发光材料具有以下特点：

① 在固态下有强发光特性（粉末或高浓度）；

② 在紫外光照射下，有很强的稳定性，不会被光漂白；

③ 浓度越高，发光越强；

④ 在固态或高浓度下，表现出非常高的灵敏度；

⑤ 可以通过灵活的化学修饰来实现不同波段的发光。

聚集诱导电化学发光材料的构筑离不开其核心聚集诱导发光基元，常见的有四苯基乙烯、三苯胺、六苯基噻咯、苯基乙烯蒽和苯基取代吡咯等。其中四苯基乙烯是研究最多的聚集诱导发光基团之一，其具有合成方便、结构简单等特点。在分子结构上，四苯基乙烯及其衍生物具有螺旋状非平面结构，可以消耗激发态分子的能量，因此当其溶解在溶剂中时，它们没有或仅有很弱的发光。相反，随着分子的堆积，四苯基乙烯发生聚集会使苯环转子的自由旋转受阻，从而使非辐射弛豫途径减弱，进而促进辐射的增强，表现出聚集诱导发光效应。

另外，三苯胺类结构本身不发光，但是能够形成螺旋非平面结构，十分有利于构建聚集诱导发光型化合物，而三苯胺本身也具有很强的给电子能力，通过三苯胺与吸电子基团相结合，就可以调节分子内的推/拉电子效应，达到对发光的调节目的。此外，六苯基噻咯是另一个典型的聚集诱导发光型分子。Lu 等[39] 证明了其修饰在电极表面时作为发光团能够产生较强的电化学发光信号。在 $K_2S_2O_8$ 作为共反应剂的最佳条件下具有 37.8% 的电化学发光效率（相对于标准发光体系 $Ru(bpy)_3^{2+}$）。此外，六苯基噻咯在发光过程中形成的自由基阴离子中间体可以与羰基发生专一的化学反应，从而导致电化学发光信号的猝灭。这一现象被用来检测工业增塑剂邻苯二甲酸二丁酯，表现出较高的灵敏度和选择性。同时，还研究了苯并噻咯的聚集诱导电化学发光行为，观察到吸电子基团对增强该类分子的聚集诱导电化学发光具有显著的促进作用，最后使用该体系还实现了对水相六价铬的超灵敏检测。

随着人们对聚集诱导电化学发光团和生物传感平台的研究不断深入，还将该类体系拓展到大分子聚合物量子点中。它们具有稳定性良好、波长可调和易于功能化等特征。例如，Ju 小组报道了供体-受体聚合物量子点，其主要是芴和咔唑组成供体单元，同时在体系中引入聚集诱导发光特性的四苯基乙烯类基团，以含硼的发光团作为受体发色团。这些聚合物量子点与聚苯乙烯-双马来酸酐共聚结合形成具有聚集诱导发光特性的聚合物量子点。使用咔唑作为强供体单元可以使聚合物量子点的发射发生红移。此外，使用三丙胺作为共反应剂可以增强该聚合物量子点的发光信号。与标准的 $Ru(bpy)_3^{2+}$ 体系相比，基于聚合物量子点的电化学发光效率为 11.8%，远高于普通的量子点电化学发光体系，体现了聚集诱导在增强电化学发光方面的优势。

聚集诱导电化学发光（AIECL）的发现为生物和环境传感领域寻求更新颖、更高效的发光体和平台开辟了新的研究途径。大量的荧光基团在水介质中呈现出了聚集诱导发光特性，为 AIECL 在疾病诊断领域的应用奠定了坚实的基础。经过 20 多年的发展，电化学发光这门蓬勃发展的学科不仅在发光材料方面具有独特的建树，同时也为电化学发光分析技术的进一步发展提供了可能。特别是在疏水材料的水相和固相环境中，聚集诱导发光解决了传统电化学发光存在的强度低、生物相容性差以及介质之间难溶等诸多难题，使电化学发光成为一种日趋成熟的分析技术。因此，聚集诱导电化学发光在临床诊断、环境分析和生物标志物检测方面具有很大发展潜力。然而，现阶段聚集诱导电化学发光材料和技术的发展仍处于起步阶段，选择高效的发光材料和实现其在化学、生物检测和传感领域的实际应用（图1.5）是聚集诱导电化学发光未来发展的重要方向。

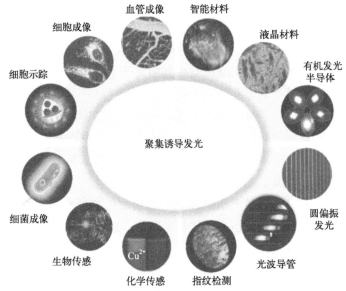

图1.5　聚集诱导发光材料在众多领域的典型应用

1.4　电化学发光展望

电化学发光由于固有的高灵敏度、低背景干扰和易于操控等优势，已经成为对多种分析物进行超灵敏检测的重要工具，特别是在临床免疫分析领域占据着主导地位。近年来，一些新的电化学发光传感策略被开发出来，推动了高通量和便携式电化学发光检测特别是免疫检测和基因检测的发展，进而提供了一种新的生物成像方法。目前，一些高通量的电化学发光免疫分析技术已经商业化，如罗氏公司的 Elecsys 技术和 Meso Scale Diagnostics 公司的 MULTI-ARRAY 技术。这些商业化的电化学发光免疫测定方法具有高灵敏度、宽动态范围和低背景的特点。与传统的酶联免疫吸附测定相比，这些体系使用起来更加方便和快捷。它们可以在血清、血浆、细胞上清液甚至全血等多种样品中获得临床数据。本书将对近年来电化学发光领域涉及的新型无机、有机和纳米材料发光体进行系统的总结，着重介绍电化学发光在免疫分析、细胞传感和基因传感领域的应用。

参考文献

[1] Richter M M. Electrochemiluminescence (ECL)[J]. Chemical Reviews, 2004, 104 (6): 3003-3036.

[2] Xu J J, Huang P Y, Qin Y, et al. Analysis of intracellular glucose at single cells using electrochemiluminescence imaging[J]. Analytical Chemistry, 2016, 88(9): 4609-4612.

[3] Qi H L, Zhang C X. Electrogenerated chemiluminescence biosensing[J]. Analytical Chemistry, 2020, 92(1): 524-534.

[4] Gross E M, Anderson J D, Slaterbeck A F, et al. Electrogenerated chemiluminescence from derivatives of aluminum quinolate and quinacridones: Cross-reactions with triarylamines lead to singlet emission through triplet-triplet annihilation pathways[J]. Journal of the American Chemical Society, 2000, 122(20): 4972-4979.

[5] Swanick K N, Sandroni M, Ding Z, et al. Enhanced electrochemiluminescence from a stoichiometric ruthenium(II)-iridium(III) complex soft salt[J]. Chemistry-A European Journal, 2015, 21(20): 7435-7440.

[6] Bard A J, Murray R W. Electrochemistry[J]. Proceedings of the National Academy of Sciences, 2012, 109(29): 11484-11486.

[7] Hesari M, Ding Z F. Review-electrogenerated chemiluminescence: Light years ahead[J]. Journal of the Electrochemical Society, 2016, 163(4): H3116-H3131.

[8] Rizzo F, Polo F, Bottaro G, et al. From blue to green: Fine-tuning of photoluminescence and electrochemiluminescence in bifunctional organic dyes[J]. Journal of the American Chemical Society, 2017, 139(5): 2060-2069.

[9] Miao W. Electrogenerated chemiluminescence and its biorelated applications[J]. Chemical Reviews, 2008, 108(7): 2506-2553.

[10] Ludvík J. DC-electrochemiluminescence (ECL with a coreactant)—principle and applications in organic chemistry[J]. Journal of Solid State Electrochemistry, 2011, 15(10): 2065-2081.

[11] Haidekker M A, Brady T P, Lichlyter D, et al. Effects of solvent polarity and solvent viscosity on the fluorescent properties of molecular rotors and related probes[J]. Bioorgical Chemistry, 2005, 33(6): 415-425.

[12] Chang M M, Saji T, Bard A J. Electrogenerated chemiluminescence 30: Electrochemical oxidation of oxalate ion in the presence of luminescers in acetonitrile solutions[J]. Journal of the American Chemical Society, 1977, 99(16): 5399-5403.

[13] Rubinstein I, Bard A J. Electrogenerated chemiluminescence 37: Aqueous ecl systems based on tris(2,2'-bipyridine)ruthenium(2+) and oxalate or organic acids[J]. Journal of the American Chemical Society, 1981, 103(3): 512-516.

[14] Zu Y, Bard A J. Electrogenerated chemiluminescence 66: The role of direct core-actant oxidation in the ruthenium tris(2,2')bipyridyl/tripropylamine system and the effect of halide ions on the emission intensity[J]. Analytical Chemistry, 2000, 72(14): 3223-3232.

[15] Miao W, Choi JP, Bard A J. Electrogenerated chemiluminescence 69: The tris(2, 2'-bipyridine)ruthenium(II), $(\mathrm{Ru(bpy)}_3)^{2+}$/tri-$n$-propylamine (TPrA) system revisited-a new route involving TPrA$^{\cdot +}$ Cation Radicals[J]. Journal of the American Chemical Society, 2002, 124(48): 14478-14485.

[16] Klymenko O V, Svir I, Amatore C. A new approach for the simulation of electro-chemiluminescence (ECL)[J]. ChemPhysChem, 2013, 14(10): 2237-2250.

[17] White H S, Bard A J. Electrogenerated chemiluminescence 41: Electrogenerated chemiluminescence and chemiluminescence of the $\mathrm{Ru(2,21-bpy)}_3{}^{2+}$-$\mathrm{S_2O_8^{2-}}$ system in acetonitrile-water solutions[J]. Journal of the American Chemical Society, 1982, 104(25): 6891-6895.

[18] Choi J P, Wong K T, Chen Y M, et al. Electrogenerated chemiluminescence 76: Excited singlet state emission vs excimer emission in ter(9,9-diarylfluorene)s[J]. The Journal of Physical Chemistry B, 2003, 107(51): 14407-14413.

[19] Kanoufi F, Zu Y, Bard A J. Homogeneous oxidation of trialkylamines by metal complexes and its impact on electrogenerated chemiluminescence in the trialkyl-amine/$\mathrm{Ru(bpy)}_3{}^{2+}$ system[J]. The Journal of Physical Chemistry B, 2001, 105(1): 210-216.

[20] Zu Y, Bard A J. Electrogenerated chemiluminescence 67: Dependence of light emission of the Tris(2,2')bipyridylruthenium(II)/tripropylamine system on electrode surface hydrophobicity [J]. Analytical Chemistry, 2001, 73(16): 3960-3964.

[21] Zhou Y Y, Li W F, Yu L P, et al. Highly efficient electrochemiluminescence from iridium(III) complexes with 2-phenylquinoline ligand[J]. Dalton Transactions, 2015, 44(4): 1858-1865.

[22] Fernandez-Hernandez J M, Longhi E, Cysewski R, et al. Photophysics and electrochemiluminescence of bright cyclometalated Ir(III) complexes in aqueous solutions[J]. Analytical Chemistry, 2016, 88(8): 4174-4178.

[23] Doeven E H, Barbante G J, Kerr E, et al. Red-green-blue electrogenerated chemi-

luminescence utilizing a digital camera as detector[J]. Anal. Chem., 2014, 86 (5): 2727-2732.

[24] Kerr E, Doeven E H, Barbante G J, et al. New perspectives on the annihilation electrogenerated chemiluminescence of mixed metal complexes in solution[J]. Chemical Science, 2016, 7(8): 5271-5279.

[25] Haghighatbin M A, Lo S C, Burn P L, et al. Electrochemically tuneable multi-colour electrochemiluminescence using a single emitter[J]. Chemical Science, 2016, 7(12): 6974-6980.

[26] Sun S G, Sun W, Mu D Z, et al. Ratiometric ECL of heterodinuclear Os-Ru dual-emission labels[J]. Chemical Communcations, 2015, 51(13): 2529-2531.

[27] Wang T, Wang D, Padelford J W, et al. Near-infrared electrogenerated chemilu-minescence from aqueous soluble lipoic acid Au nanoclusters[J]. Journal of the American Chemical Society, 2016, 138(20): 6380-6383.

[28] Dai R, Wu F, Xu H, et al. Anodic, cathodic, and annihilation electrochemilumi-nescence emissions from hydrophilic conjugated polymer dots in aqueous medium [J]. ACS Applied Materials & Interfaces, 2015, 7(28): 15160-15167.

[29] Lu Q Y, Zhang J J, Wu Y Y, et al. Conjugated polymer dots/oxalate anodic elec-trochemiluminescence system and its application for detecting melamine[J]. RSC Advances, 2015, 5(78): 63650-63654.

[30] Feng Y, Dai C, Lei J, et al. Silole-containing polymer nanodot: An aqueous low-potential electrochemiluminescence emitter for biosensing[J]. Analytical Chemis-try, 2016, 88(1): 845-850.

[31] Xu Y, Yin X B, He X W, et al. Electrochemistry and electrochemiluminescence from a redox-active metal-organic framework[J]. Biosensors and Bioelectronics, 2015, 68: 197-203.

[32] Ma H, Li X, Yan T, et al. Sensitive insulin detection based on electrogenerated chemiluminescence resonance energy transfer between $Ru(bpy)_3^{2+}$ and Au nanop-article-doped β-cyclodextrin-Pb (Ⅱ) metal-organic framework[J]. ACS Applied Materials & Interfaces, 2016, 8(16): 10121-10127.

[33] Ma H M, Li X J, Yan T, et al. Electrochemiluminescent immunosensing of pros-tate-specific antigen based on silver nanoparticles-doped Pb (Ⅱ) metal-organic framework[J]. Biosensors and Bioelectronics, 2016, 79: 379-385.

[34] Lu Q Y, Zhang J J, Wu Y Y, et al. Cathodic electrochemiluminescence behavior of an ammonolysis product of 3,4,9,10-perylenetetracarboxylic dianhydride in aqueous solution and its application for detecting dopamine[J]. RSC Advances,

2015，5(28)：22289-22293.

[35] Zhao J，Lei Y M，Chai Y Q，et al. Novel electrochemiluminescence of perylene derivative and its application to mercury ion detection based on a dual amplification strategy[J]. Biosensors and Bioelectronics，2016，86：720-727.

[36] Mei J，Leung N L C，Kwok R T K，et al. Aggregation-induced emission：Together we shine，united we soar！[J]. Chemical Reviews，2015，115（21）：11718-11940.

[37] Han Z，Yang Z，Sun H，et al. Electrochemiluminescence platforms based on small water-insoluble organic molecules for ultrasensitive aqueous-phase detection [J]. Angewandte Chemie International Edtion，2019，58(18)：5915-5919.

[38] Guo J，Feng W，Du P，et al. Aggregation-induced electrochemiluminescence of tetraphenylbenzosilole derivatives in an aqueous phase system for ultrasensitive detection of hexavalent chromium[J]. Analytical Chemistry，2020，92（21）：14838-14845.

[39] Wang Z，Feng Y，Wang N，et al. Donor-acceptor conjugated polymer dots for tunable electrochemiluminescence activated by aggregation-induced emission-active moieties[J]. The Journal of Physical Chemistry Letters，2018，9（18）：5296-5302.

第 2 章
无机电化学发光体系

2.1 无机材料电化学发光体系简介

无机电化学发光体系主要是指以金属配合物为主的发光材料，这些金属配合物的常用配体有邻菲咯啉（1,10-菲咯啉）和 2,2′-联吡啶等。已经发现的能用作电化学发光的金属配合物主要有 Pt、Cd、Au、Ir、Cu 和 Ru 等，其中三(2,2′-联吡啶)钌（Ⅱ）[$Ru(bpy)_3^{2+}$] 和三(1,10-菲咯啉)钌（Ⅱ）[$Ru(phen)_3^{2+}$] 是研究最多的两个电化学发光试剂。$Ru(bpy)_3^{2+}$ 是第一个表现出电化学发光性质的无机配合物，它在水性和非水性溶剂中具备良好的溶解性，有较强的发光性以及可逆的单电子转移反应的能力，这使得 $Ru(bpy)_3^{2+}$ 在电化学发光的基础研究中具有重要价值。很多物质如草酸盐、氨基酸、抗坏血酸、过二硫酸钾以及很多胺类物质都可以作为 $Ru(bpy)_3^{2+}$ 的电化学发光共反应剂。同时，众多研究者都将基于 $Ru(bpy)_3^{2+}$ 的电化学发光体系作为标准来评估新的电化学发光材料的发光效率。这是因为 $Ru(bpy)_3^{2+}$ 发光体系具有高稳定性和长寿命等优点，使其成为一种理想的参考物质。然而，正是由于 $Ru(bpy)_3^{2+}$ 良好的水溶性，在电极修饰和固定化方面却带来了一些挑战。首先，在电极修饰方面，由于 $Ru(bpy)_3^{2+}$ 在水中溶解度较高，容易与其他物质相互作用或被吸附到表面上。这可能导致其在实际应用中难以精确控制其浓度和分布情况，从而影响到最终得到的发光效果。其次，在固定化过程中也存在一些问题。尽管 $Ru(bpy)_3^{2+}$ 可以通过改变配体结构或添加功能基团等方法进行修饰以增强其与载体材料之间的相互作用力，并提高其固定效果，但仍然存在着对载体材料选择范围较窄、操作复杂等限制因素。此外，虽然 $Ru(bpy)_3^{2+}$ 本身具有良好的水溶性，但对于某些特殊需求场景（如生物医学领域），需要将该体系转移到非水相介质中进行研究时，则需要采取适当方法来保持其稳定性。虽然 $Ru(bpy)_3^{2+}$ 的电化学发光体系已经成为评估新型电化学发光材料发光效率的常用方法之一，但我们也要认识到其中所涉及的挑战与限制，并不断努力寻找更加优秀、适应更广泛条件并具备更好可调节能力、稳定性以及灵敏度等特点的新型电化学发光材料。比如碳点（CDs）、石墨烯量子点（GQDs）、石墨相氮化碳（g-C_3N_4）、金属纳米团簇（Au NCs、Ag NCs、Cu NCs）、有机分子纳米颗粒、金属有机框架材料（MOF）、电化学发光试剂负载的纳米材料以及聚合物量子点等都是新型的电化学发光材料。

2.2　三联吡啶钌电化学发光体系

$Ru(bpy)_3^{2+}$ 是首个被发现具有电化学发光信号且应用最为广泛的无机电化学发光材料，它具有很强的发光性能。而且 $Ru(bpy)_3^{2+}$ 容易在电场的作用下进行可逆的单电子转移反应。自从 1966 年 Hercules 首次将 $Ru(bpy)_3^{2+}$ 应用到电化学发光领域以来，基于 $Ru(bpy)_3^{2+}$ 作为电化学发光体的研究也越来越多，如 N-羟基磺基琥珀酰亚胺作为共反应剂与 $Ru(bpy)_3^{2+}$ 的复合，使 $Ru(bpy)_3^{2+}$ 的电化学发光信号能够大幅提升[1-2]。$Ru(bpy)_3^{2+}$ 与其他材料的复合，如苯乙烯，也拓展了其在生物检测方面的研究范围。

三（2,2'-联吡啶）钌（Ⅱ）[$Ru(bpy)_3^{2+}$] 作为最经典的电化学发光基团，由于其具有低的空金属-配体电荷转移（MLCT）激发态、电化学发光量子产率高、电化学行为可逆、动态范围宽、在水溶液和非水溶液中均具有良好的溶解度等优点，在许多领域得到了广泛的应用[3]。在众多无机发光体系中，钌配合物的电氧化产物在水介质中有着良好的电化学行为和高稳定性，而且钌配合物与多种共反应剂相容，大大拓宽了它的使用范围。

研究表明，二茂铁（Fc）在电极表面可以有效且稳定地对 $Ru(bpy)_3^{2+}$ 的电化学发光信号进行猝灭。这种猝灭机理被认为是存在二茂铁和 $Ru(bpy)_3^{2+*}$ 之间的双分子能量或电子转移、Fc 的氧化物质以及对自由基反应的抑制，并且 Fc 有着比已知的猝灭剂苯酚更有效的电化学发光猝灭效果。Jie[4] 等人构建了一种基于二茂铁使用靶循环放大技术对 $Ru(bpy)_3^{2+}$ 高效猝灭效果的电化学发光癌胚抗原传感器。Cheng 等人[5] 通过主客体识别将二茂铁标记的 DNA 探针固定在 Au NPs-CD 上，二茂铁能够显著猝灭 $Ru(bpy)_3^{2+}$ 分子的电化学发光，汞离子的加入使得 DNA 探针构型发生了变化，导致 DNA 探针从 Au NPs-CD 脱落，最终电化学发光信号发生规律性变化而实现对汞离子的测定。

Han[6] 等人报道了三（联吡啶）钌（Ⅱ）衍生物（Ru-TPE）的结晶

诱导增强电化学发光现象（CIE-电化学发光），他们使用聚集诱导发光基团四苯基乙烯（TPE）来修饰三(联吡啶)钌（Ⅱ），从而有效地消除了不利的 π-π 堆积相互作用，使得三(联吡啶)钌（Ⅱ）克服水相中的聚集发光猝灭效应。Ru-TPE 在溶液中的电化学发光很微弱，但在结晶时产生强的电化学发光现象。研究表明，Ru-TPE 晶体的电化学发光效率分别是其溶液和三(联吡啶)钌（Ⅱ）晶体的 20 倍和 3 倍。

2.3　无机纳米材料电化学发光体系

纳米材料既可以作为发光物质应用在电化学发光体系中，也可以作为承载发光物质的载体。近年来，各种成分、尺寸和形状的纳米电化学发光体已相继被报道出来，主要包括半导体量子点（QDs）、石墨烯及其衍生物、黑磷及其衍生物、二卤代过渡金属、石墨相氮化碳[7] 等。此外，纳米材料还具有优异的光学、电学和磁学性质，使其成为理想的载体用于负载小分子发光物。金纳米颗粒作为一种常见的纳米材料，在电化学发光传感中表现出良好的稳定性和可调控性，它们不仅可以提高比表面积、增加反应界面，还能够通过调节其形貌、尺寸和结构来实现对发光物质的选择性吸附。与金纳米颗粒相比，磁纳米粒子在电化学发光传感中具有独特的优势，这是由于其具有特殊的磁响应性能，可以通过外加磁场来实现对载体上小分子发光物位置和浓度的控制，使得磁纳米粒子成为一种非常有效且灵敏度较高的电化学发光传感器。研究发现硅纳米颗粒作为载体，在电化学发光传感中也展示出了巨大潜力。硅材料本身就具有良好的生物相容性和生物安全性，并且可以通过改变硅颗粒表面修饰基团来实现对小分子荧光染料或标记物负载量以及释放速率等参数的调控。因此，硅纳米颗粒在生命科学领域中应用较为广泛。因此，使用这些不同类型的纳米材料作为载体负载小分子发光物，在构建高灵敏度、高选择性以及可控性强的电化学发光传感器方面具有广阔前景，并且在医药、环境监测等多个领域影响巨大。

2002 年，Ding[8] 等人首次报道了硅纳米晶的电化学和电化学发光行为，引起了广泛的关注。随后，相继报道了其他半导体纳米晶体即量子点的电化学发光行为。与传统发光体相比，量子点具有高产率、耐光漂白、强光谱吸收、光稳定以及可控性强等特性。但是有些早期报道的重金属量子点由于有毒性而引起健康和环境问题，如 CdSe、CdS、CdTe、PbS 等。因此，合成安全绿色的量子点是未来电化学发光材料的重要研究方向。

Liu 等[9] 证明了离子液体辅助石墨电极电化学剥离制备的碳量子点（CQDs）对 $Ru(bpy)_3^{2+}$ 电化学发光的增强是 $Ru(bpy)_3^{2+}/Ru(bpy)_3^{3+}$ 与 CQDs 生成的电子-空穴对相互作用所致。他们提出的可能机制如式（2-1）～式（2-8）所示。与此同时，Zhang 等人[10] 研究发现掺氮碳量子点（NCQDs）对 $Ru(bpy)_3^{2+}$ 阳极电化学发光的共反应物效应源于 $Ru(bpy)_3^{3+}$ 与 $NCQDs^{*+}$ 之间的相互作用。然而，在这些研究中，电化学反应生成的电子和空穴是从各种精心设计的控制实验的结果中推断出来的，并且没有直接证据证明电子和空穴在 CQDs 和 NCQDs 中产生。

$$Ru(bpy)_3^{2+} - e^- \rightarrow Ru(bpy)_3^{3+}（工作电极上的氧化） \tag{2-1}$$

$$CQD + h^+ \rightarrow CQD^{*+}（工作电极上的空穴注入） \tag{2-2}$$

$$Ru(bpy)_3^{3+} + CQD^{*+} \rightarrow Ru(bpy)_3^{3+} + CQD（间接氧化） \tag{2-3}$$

$$Ru(bpy)_3^{2+} + e^- \rightarrow Ru(bpy)_3^{+}（反电极上的还原） \tag{2-4}$$

$$CQD + e^- \rightarrow CQD^{*-}（反电极上的电子注入） \tag{2-5}$$

$$Ru(bpy)_3^{3+} + CQD^{*-} \rightarrow Ru(bpy)_3^{2+*} + CQD \tag{2-6}$$

$$Ru(bpy)_3^{3+} + Ru(bpy)_3^{+} \rightarrow Ru(bpy)_3^{2+*} \tag{2-7}$$

$$Ru(bpy)_3^{2+*} \rightarrow Ru(bpy)_3^{2+*} + h\nu(620nm) \tag{2-8}$$

石墨化氮化碳（g-CN）纳米材料是一种层状结构的半导体聚合物，每一层都有三嗪或 3-S-三嗪单元连接芳香平面，表面含有固有的伯氨和叔氨基团[11]。最近，Liu 课题组还研究了 $Ru(bpy)_3^{2+}$ 存在和不存在石墨化氮化碳纳米片（CNNS）修饰的玻璃碳电极（GCE）上的电化学发光响应，发现不仅是 CNNS 表面固有的氨基，而且 CNNS 中电化学生成的载流子也参与了 $Ru(bpy)_3^{2+}$ 电化学发光的阳极反应，如图 2.1 所示，$Ru(bpy)_3^{2+}$/CNNS 共反应物电化学发光的发生途径为：①$Ru(bpy)_3^{3+}$ 与 CNNS 表面氨基的化学/电化学氧化产物相互作用生成 $Ru(bpy)_3^{2+*}$ 的"氧化-还原"途径；②$Ru(bpy)_3^{2+}$ 与 CNNS 电还原产物发生化学反应生成 $Ru(bpy)_3^{2+*}$ 的"还原-还原"途径。

碳纳米管在电极材料领域，特别是在电化学发光成像方面具有很大的应用前景。通过溶液或喷墨打印[12] 沉积碳纳米管层已被用于在聚合物薄膜或玻璃上制造碳纳米管电极。Xu 等人[13] 报道了一种基于双波长比率

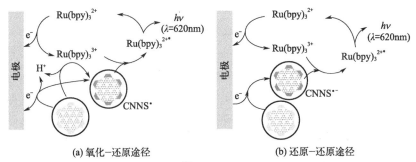

(a) 氧化-还原途径　　　　　　　　　(b) 还原-还原途径

图 2.1　阳极 $Ru(bpy)_3^{2+}/CNNS$ 电化学发光的可能机理

经英国皇家化学学会许可改编自参考文献

法和共振能量转移的比率型电化学发光方法用于 miRNA 分析。他们将巯基修饰的分子信标固定在 $Au\text{-}g\text{-}C_3N_4$ 纳米杂化修饰的玻碳电极上。目标 miRNA 的加入形成 DNA-RNA 双工结构，随后被双工特异性核酸酶进一步切割。互补 $DNA\text{-}Ru(bpy)_3^{2+}$ 探针与静止单链 DNA 的杂交诱导 Au-g-C_3N_4 纳米杂化物在 460 nm 处电化学发光信号被猝灭，而在 620 nm 处 $Ru(bpy)_3^{2+}$ 的电化学发光信号增强。最终利用 Au-g-C_3N_4 纳米杂化体与 $Ru(bpy)_3^{2+}$ 的发光信号强度之比，实现了在 1.0fmol/L～1.0nmol/L 宽线性校准范围内对 miRNA-21 的灵敏检测。Wang 等人[14] 合成了 Ag-PAMAM-鲁米诺纳米复合材料（Ag-PAMAM-luminol NCs）和 g-C_3N_4 纳米片，并分别作为氧化-还原和还原-氧化电化学发光体。首先，他们将修饰在磁珠上的适配体与修饰在 Ag-PAMAM-鲁米诺纳米复合材料上的 DNA 探针杂交。加入 HL-60 细胞后，靶细胞表面的糖蛋白与适配体结合，同时释放出 Ag-PAMAM-鲁米诺纳米复合材料。当 HL-60 细胞分离时，将捕获的 DNA 固定在 g-C_3N_4 纳米片上，与 Ag-PAMAM-luminol NCs 修饰的 DNA 探针形成双工结构。结果表明，在 $-1.25V$ 下 g-C_3N_4 纳米片的电化学发光信号会被猝灭，出现鲁米诺（$+0.45V$）的原始信号。根据 $-1.25V$ 和 $+0.45$ V 时电化学发光强度的比值，该比率型电化学发光癌细胞传感器的线性校准范围为 200～9000 个细胞/mL，检测限为 150 个细胞。

　　图 2.1（a）为利用 CNNS 表面氨基作为共反应剂位点的"氧化-还原"途径，图 2.1（b）为利用 CNNS 的电化学还原产物作为高效共反应剂位点的"还原-还原"途径。用三(2,2'-联吡啶)钌（Ⅱ）标记的顺磁性

聚苯乙烯珠，类似于商业免疫测定，沉积在碳纳米管电极上并用显微镜成像。与氧化铟锡（ITO）相比，碳纳米管电极显示出更高的电化学发光信号[15]。这种增强的电化学发光是由碳纳米管催化表面对共反应剂三丙胺氧化而产生的。利用碳纳米管作为催化剂，可以有效地促进三丙胺氧化反应的进行，从而实现了电化学发光效率的显著增强。此外，这种电化学发光成像技术还被广泛应用于生物传感领域，特别是在单细胞研究中。通过将该技术与合适的探针结合使用，可以实现对单个细胞内部活动和分子形成过程的高灵敏度、高时空分辨率成像。这有助于深入理解细胞功能和代谢过程，还为疾病诊断、药物筛选等提供了重要方法。总之，基于碳纳米管催化表面的增强电化学发光以及其在单细胞研究中所展示出来的生物传感应用潜力使得它成为一项具有重要意义和广阔前景的技术，而且随着在化学和生物领域不断深入探索和创新，将会有更多突破性进展。通过标记细胞膜上的特定蛋白质，研究表明电化学发光显微镜可以观察到传统光致发光显微镜难以分辨的膜细节，这为超灵敏细胞成像分析的应用奠定了基础[16]。Zhang 等人发现了 Ru（bpy）$_3^{2+}$/TPrA 在多壁碳纳米管（MWNT）修饰的玻碳（GCE）电极上的电化学发光的猝灭现象。为了测试可能的猝灭原因，研究了 Ru(bpy)$_3^{2+}$/TPrA 在原始 MWNT 和酸处理、热处理和聚乙二醇（PEG）包裹 MWNT 修饰的玻碳电极上的电化学发光行为。结果表明，MWNT 表面的含氧基团和 MWNT 的本征电子是抑制电化学发光的主要原因。对比还发现，这种猝灭与 MWNT 与 Ru(bpy)$_3^{2+}$/TPrA 之间的距离有关。利用这一猝灭机制，在 MWNT 修饰电极的基础上，提出了一种新的 DNA 杂交试验，其中单链 DNA（ssDNA）在远端被 Ru(bpy)$_3^{2+}$ 衍生物探针（Ru-ssDNA）标记，共价附着在 MWNT 电极上。当 Ru-ssDNA 在 MWNT 电极表面自组装时，电化学发光信号会被猝灭；然而，在互补的 ssDNA 存在的情况下，猝灭的电化学发光信号恢复。所开发的序列特异性 DNA 检测方法具有良好的选择性和灵敏度。因此，原始 MWNT 对 Ru(bpy)$_3^{2+}$/TPrA 体系电化学发光的猝灭可以为核酸研究和分子传感提供一个很好的平台。

Jie[17] 等人将尺寸均匀的石墨烯量子点作为发光体，并且为了将石墨烯量子点牢固地固定在金电极表面，在滴加量子点之前事先修饰一层 Au NPs/PDDA-GO 纳米复合材料膜。基于金纳米颗粒对石墨烯量子点的电化学发光猝灭作用和核酸内切酶辅助循环扩增策略，构建了一款灵敏的DNA新型电化学发光生物传感器，最终实现了对靶DNA的高效检测。

2.4 纳米材料促进三联吡啶钌体系的电化学发光

  金纳米颗粒作为一种优异的小分子载体，具有许多独特的优点，使其在生物传感领域得到了广泛的应用。首先，金纳米颗粒的合成方法相对简单，可以通过化学还原法、溶剂热法等多种途径进行制备。这不仅降低了生产成本，也提高了制备效率。其次，金纳米颗粒具有良好的生物相容性，在生物体内能够与细胞和组织发生较弱的免疫反应，并且能够被有效地代谢和排出体外。这使得金纳米颗粒在医学诊断、药物传递等方面具有巨大应用潜力。此外，金纳米颗粒尺寸可调控性强，可以根据需要调整其大小以满足不同应用需求。例如，在肿瘤治疗中，较小尺寸的金纳米颗粒可以更好地渗透进入肿瘤组织并实现靶向治疗；而较大尺寸的金纳米颗粒则可用于图像引导手术等方面。此外，在功能化方面，由于表面修饰自由度高、易于改变表面性质及结构等特点，将各类功能基团连接到其表面上非常便捷。这样一来就可以赋予金纳米颗粒很多新颖且重要的功能特性，如增加稳定性、提高药物包载量或者增加目标靶向能力。因此，金纳米颗粒已经被广泛应用于各种生物传感相关技术中。它们在癌症早期检测、药物释放系统设计以及基因编辑等方面展示出了巨大潜力。Li 等人提出一种以金颗粒为载体，将 $Ru(bpy)_3^{2+}$ 高效修饰在金颗粒表面的方法，制备的 Ru-Au 纳米颗粒复合物表面的巯基，可以修饰到 ITO 电极表面，获得稳定而密集的电化学发光信号。

  传统的 $Ru(bpy)_3^{2+}$ 电化学发光共反应剂有三丙胺（TPrA）、草酸盐、过氧化硫酸盐[18]、氨基酸等。然而这些共反应剂，尤其是 TPrA，通常具有毒性和低水溶性，导致构建电化学发光传感器变得困难。目前发现许多纳米材料可以代替传统的共反应剂作为 $Ru(bpy)_3^{2+}$ 电化学发光体系的良好共反应剂。已经报道的 $Ru(bpy)_3^{2+}$ 电化学发光的纳米材料共反应剂主要有碳纳米材料、氮纳米材料、金属纳米材料和Ⅱ～Ⅵ半导体纳米材料。大量的文献中报道纳米材料与 $Ru(bpy)_3^{2+}$ 构成的新型发光体系具有稳定高效的电化学发光信号，这一特性使其成功应用于构建各种不同类型的电化学发光传感器。通过将纳米材料作为 $Ru(bpy)_3^{2+}$ 的共反应剂，不仅揭示了新的电化学发光增强机制，还为电化学发光传感器的构建提供了全新的纳米材料表征方法和传感策略。

在过去几年里，研究人员对这一领域进行了广泛而深入的探索。他们利用不同类型、形态和结构特征的纳米材料与 $Ru(bpy)_3^{2+}$ 反应，并通过调控它们之间的相互作用来实现对电化学发光性能的精确调节。例如，在金属氧化物、碳基材料、半导体量子点等多种纳米材料中引入 $Ru(bpy)_3^{2+}$ 可以显著提高其电发光效率和稳定性。

此外，通过改变纳米材料与 $Ru(bpy)_3^{2+}$ 之间配位键或表面修饰分子等手段，研究人员还进一步拓展了该体系在传感领域中的应用潜力。例如，在环境监测方面，利用可溶性聚合物包覆修饰后具有亲水性或亲油性表面特征的纳米复合材料实现对水质污染物或油品残留等目标分析物的快速检测；在生命科学领域，将功能化生物分子固定在金属/半导体纳米粒子上，并利用其优异荧光特性实现细胞成像、蛋白质检测以及基因诊断等重要应用。

总之，由于其稳定高效且可调控性强等优势，在构建各类电化学发光传感器方面，使用纳米材料与 $Ru(bpy)_3^{2+}$ 组成新型发光体系已经取得了显著进展，并为相关领域带来了许多创新思路和方法。随着更多先进制备技术和理论模拟方法被引入到该领域中，相信未来会有更多令人期待且具有广阔应用前景的研究成果涌现出来。

CdSe、CdTe、CdS、ZnS、SnO 等属于 Ⅱ～Ⅵ 半导体纳米材料，它们具有独特的光学和光电特性，如荧光、电化学发光和化学发光等。研究发现，Ⅱ～Ⅵ 型半导体纳米材料中的电子和空穴能参与 $Ru(bpy)_3^{2+}$ 电化学发光反应[19]，从而使纳米材料能够作为 $Ru(bpy)_3^{2+}$ 的共反应剂。第一个用于阳极 $Ru(bpy)_3^{2+}$ 电化学发光的纳米共反应剂是 SnO 纳米粒子。因为其与 $Ru(bpy)_3^{2+}$ 之间的高效电子转移使 $Ru(bpy)_3^{2+}$ 的电化学发光信号迅速增强。

Satienperakul 等人[20] 发现，在 $Ru(bpy)_3^{2+}$ 溶液中加入 L-半胱氨酸封端的 CdTe 量子点，$Ru(bpy)_3^{2+}$ 电化学发光信号显著增强。Yuan 等人报道了二硫化钼纳米花对 $Ru(bpy)_3^{2+}$ 电化学发光的猝灭作用。基于此，他们开发了一种夹层结构的电化学发光生物传感器，用于超灵敏地检测刀豆球蛋白 A。Chu 等人报道了二硫化钼纳米片作为共反应剂，促进 Ru 配合物的电化学发光行为，并实现了对多巴胺的超灵敏检测。

王明丽等人[21] 选择了 CdS QDs 为研究对象，考察其对 $Ru(bpy)_3^{2+}$ 电化学发光的影响。结果发现，加入少量的 CdS QDs 可以使 $Ru(bpy)_3^{2+}$ 的电化学发光信号大大增强，相对于 $Ru(bpy)_3^{2+}$ 的其他共反应剂，CdS QDs 的性质更稳定，而且合成简单，价格低廉。基于邻苯二酚对该体系电化学发光信号的抑制作用，建立了针对邻苯二酚的电化学发光检测方法，用于茶叶中邻苯二酚的检测，结果令人满意。

Chen 等人报道了一种 $Ru(bpy)_3^{2+}$ 掺杂的硅纳米粒子作为电化学发光探针，用于动态检测细胞表面 N-glycan 的表达分析方法。Dang 等构建了一种基于壳聚糖/$Ru(bpy)_3^{2+}$/硅纳米粒子修饰的电极，用于免标记的电化学发光适配体传感平台[22]。此外，他们还开发一种基于钌-硅纳米粒子自增强的电化学发光传感体系，用于细胞凋亡中高效的药物筛选。最近，Dong 等人[23] 利用 $Ru(bpy)_3^{2+}$/硅纳米粒子，建立了一种用于细胞凋亡肽 Caspase-3 酶活性检测的电化学发光分析方法。

2.5 共振能量转移信号放大

电化学发光共振能量转移原理是一种基于分子间相互作用的生物传感技术，它可以通过测量样品中特定分子的浓度来实现对小分子及细胞的检测。这就要求电化学发光供体和受体之间需要有较好的光谱重叠，才能够实现有效的能量转移。因此，在研究过程中需要寻找合适的电化学发光供体和与之匹配的受体。近年来，随着生物传感技术不断发展，越来越多的新型电化学发光共振能量转移方法被开发出来，并应用于众多领域。例如，在荧光探针方面，研究人员已经成功地将其应用于肿瘤标记、DNA检测等领域；在细胞成像方面，则可以利用该技术进行活细胞内部环境监测、蛋白质表达水平检测等。总之，电化学发光共振能量转移原理为我们提供了一种高灵敏度、高选择性、非侵入式和可视化的生物传感方法。未来随着科技不断进步和创新，相信这项技术会得到更广泛的应用并取得更加优异的成果。

量子点由于其优异的光学性能，在电化学发光领域具有广泛的应用前景。作为一种良好的电化学发光供体，量子点可以通过调控其尺寸、形状和组成来实现对不同波长的可见光和近红外光的发射。这使得量子点在生物医学成像、显示技术、传感器等领域展示出了巨大潜力。除了作为发光供体，各种物质包括量子点本身也可以作为供体-受体对，用于构建超灵敏电化学发光共振能量转移传感系统。这种传感系统基于供体与受体之间的相互作用，在外加电势或其他刺激下产生特定的信号变化。通过合理设计和选择适当的材料组合，可以实现对目标分析物（如离子、分子等）高度选择性和灵敏度检测。

此外，利用量子点在电极表面修饰形成薄膜结构还可以提高电催化的反应效率，并且具备较强的稳定性和耐久性。因此，在能源转换与储存领域中，将量子点应用于电催化反应中已经取得了一些重要进展。

总之，基于优异的光学性能以及多样化的组合方式，量子点在电化学发光方面具有广阔而深远的研究价值。未来随着科技进步和研究的深入推进，我们相信会有更多关于量子点在电化学发光方面的重要突破。2004年，Wargnier 等人报道了带相反电荷的 CdSe/ZnS 量子点之间可以发生共振能量转移[24]，带正电荷的小尺寸量子点的发光被猝灭，而大尺寸量子点的发光强度增强。经过计算，其极限距离为 7.3nm，共振能量转移效率为 91%。

金属纳米粒子与有机荧光团不同，其表面存在大量的自由电子，因此具有很强的吸收和散射能力。在共振能量转移作用中，金属纳米粒子可以通过局域化表面等离子体共振（LSPR）效应来发挥广谱猝灭物的作用。这种效应使得金属纳米粒子在特定波长下呈现出极大的吸收面积，并且可以将激发态分子或荧光染料所释放出来的能量迅速传递给周围环境中的金属纳米粒子。基于这种原理，研究者们利用金属纳米粒子构建了一系列电化学发光共振能量转移传感器，在生物医学、环境监测、食品安全等领域得到了广泛应用。例如，在生物医学领域中，人们利用这些传感器对细胞内代谢产物进行检测；在环境监测方面，则可通过检测水质中污染物含量来保障公众健康；而在食品安全方面，则可快速准确地检测食品中是否存在有害成分。Yu 等人报道了一种免标记的电化学发光传感器，用于 2,4,6-三硝基甲苯（TNT）的检测；利用钌衍生物修饰的石墨烯复合物作为电化学发光探针，其电化学发光可以被适配体标记的金纳米颗粒有效地猝灭，再通过 TNT 与适配体结合而恢复电化学发光信号。这种方法对 TNT 检测具有高的灵敏度和选择性，检测限达到 3.6 pg/mL。此外，Wu 等将 GO-AuNPs 复合材料修饰在电极表面用于进一步固定 RuSi@ $Ru(bpy)_3^{2+}$，设计了一种基于 RuSi@ $Ru(bpy)_3^{2+}$/Au@Ag$_2$S 电化学发光共振能量转移的传感体系[25]。

2.6 纳米材料的表面基团增强 $Ru(bpy)_3^{2+}$ 电化学发光

纳米材料固有的表面基团可以作为 $Ru(bpy)_3^{2+}$ 电化学发光的活性共反应位点。尺寸小于 10 nm 的碳纳米点（CDs）是由 sp^2/sp^3 碳基和氧基组成的生物相容性纳米颗粒。Pang 等人[26] 最近发现电化学剥离法制备的 CDs 能够增强 $Ru(bpy)_3^{2+}$ 体系的电化学发光。CDs 表面的苯甲醇官能团被认为是阳极 $Ru(bpy)_3^{2+}$ 电化学发光的有效反应位点。电化学发光的增强源于生成的 $Ru(bpy)_3^{3+}$ 与功能单元的还原介质之间的反应。氮掺杂 CDs（NCDs）也能增强 $Ru(bpy)_3^{2+}$ 的阳极电化学发光[27]。Carrara 等人[28] 澄清了 NCDs 表面与氢原子连接的 α-碳的氨基是增强的原因（图 2.2）。NCDs 上的伯胺通过 Eschweiller-Clarke 甲基化反应转化为叔胺可以进一步增强电化学发光的发现也支持了这一结论。此外，GQDs、氮掺杂 GQDs（NGQDs）和氧化石墨烯（GO）也可以通过使用氨基、羧基、醇、酚和其他含氧基团作为共反应位点来增强 $Ru(bpy)_3^{2+}$ 电化学发光[29]。

氮化硼量子点（BNQDs）和石墨氮化碳（g-CN）纳米材料由于其表面固有的含氨基团也可以增强 $Ru(bpy)_3^{2+}$ 体系的电化学发光[30]。BN-QDs（或 g-CN 纳米材料）中固有氨基参与 $Ru(bpy)_3^{2+}$ 电化学发光增强的机制与 $Ru(bpy)_3^{2+}$/TPrA 体系的机制比较相似，以 $Ru(bpy)_3^{2+}$/BN-QDs 电化学发光体系为例，其机制如式（2-9）～式（2-13）所示：

$$Ru(bpy)_3^{2+} - e^- \rightarrow Ru(bpy)_3^{3+} \qquad (2-9)$$

$$BNQDs - NH - e^- \rightarrow BNQDs - NH^{*+} \qquad (2-10)$$

$$BNQDs - NH^{*+} \xrightarrow{-H^+} BNQDs - N^* \qquad (2-11)$$

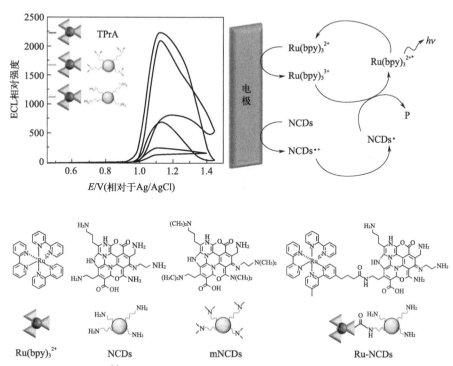

图 2.2　$Ru(bpy)_3^{2+}$/富氨基氮掺杂碳纳米点（NCDs）体系可能的电化学发光机制

$$Ru(bpy)_3^{3+} + BNQDs-N^* \rightarrow Ru(bpy)_3^{2+*} + 产物 \qquad (2-12)$$

$$Ru(bpy)_3^{2+*} \rightarrow Ru(bpy)_3^{2+} + h\nu（约\,620nm） \qquad (2-13)$$

　　随着这些发现，利用碳纳米材料良好的生物相容性和 $Ru(bpy)_3^{2+}$/纳米材料强而稳定的电化学发光特性，大量电化学发光生物/化学传感器被开发出来。例如，基于 $Ru(bpy)_3^{2+}$/NGQDs 电化学发光体系构建了一个信号关闭的五氯酚电化学发光传感器。在五氯苯酚存在下，$Ru(bpy)_3^{2+}$/NGQDs 体系的电化学发光强度因五氯苯酚与 $Ru(bpy)_3^{2+*}$ 的电氧化产物之间的能量传递而被猝灭。电化学发光传感器的检出限接近亚/飞摩尔水平。类似地，基于抑制电化学发光共振能量从 $Ru(bpy)_3^{2+}$/GO 共反应剂体系向金纳米颗粒/GO（AuNPs/GO）纳米复合材料的转移，通过 ATP-ATP 适配体结合诱导 AuNPs/GO 纳米复合材料的释放，构建了用于三磷酸腺苷（ATP）检测的夹心结构电化学发光适配体传感器[31]。该传感器在缓冲体系（PBS）和人体样品中的检出限分别为飞摩尔和皮摩尔水平。

Chai 等人[32] 利用表面引发原子转移自由基聚合（SIATRP）和二氧化锰-石墨烯（MnO_2-GO）复合材料开发了一种电化学发光适配体传感器，用于超灵敏检测癌胚抗原。在该方法中，二氧化锰-石墨（MnO_2-GO）复合材料作为一种有效的猝灭剂，间接地使 $Ru(bpy)_3^{2+}$ 的激发态失活。采用表面引发原子转移自由基聚合（SI-ATRP）技术，以甲基丙烯酸甘油酯（GMA）为功能单体，对多壁碳纳米管进行了功能化。以聚酰胺（PAMAM）树状大分子包封 Au NPs 的纳米复合材料为载体，将 $Ru(bpy)_3^{2+}$ 与聚甲基丙烯酸环氧丙基酯结合，合成了电化学发光基质。此外，锚定在电极表面的受体生物分子（如核酸或抗体）的适当取向至关重要，因为它必须保持其生物活性，同时提供对目标分析物的可及性和与传感器表面的直接相互作用。通过特定的化学反应（即通过化学连接剂）固定可以避免分子取向的不均匀性，提高识别效率。将制备的基质与氨基修饰的辅助探针 I（A1）结合，该探针与癌胚抗原（CEA）适配体部分互补。同时，用另一种氨基修饰的 CEA 适配体-部分互补辅助探针 II（A2）修饰 MnO_2-GO 复合物。通过 CEA 适配体与 A1 和 A2 的杂交，猝灭剂 MnO_2-GO 复合物与电化学发光矩阵连接，从而检测到低电化学发光信号。然而，在 CEA 存在的情况下，三明治状结构被破坏，因为 CEA 代替辅助探针与其适配体结合，导致电化学发光信号恢复，该传感器灵敏度高，检出限低至 25.3fg/mol。

纳米颗粒具有良好的生物相容性、较大的表面积、优异的电催化活性和导电性等优点，可以用于生物化学分析，如电极修饰的良好基质或修饰酶、适配体或蛋白质的生物标记。Lin 等人[33] 将凝血酶适配体分裂成两个片段。其中一种是通过 Au-S 相互作用固定在金电极上，另一种是通过 $Ru(bpy)_3^{2+}$ 掺杂二氧化硅纳米颗粒（Ru-SNPs）。在凝血酶存在下，将适配体的两个片段结合形成一个四重结构，使 Ru-SNPs 附着在金电极表面并提高电化学发光信号，检出限为 0.2pmol/L。Wang 等人[34] 采用二茂铁进行 $Ru(bpy)_3^{2+}$ 掺杂二氧化硅纳米颗粒的电化学发光猝灭，制备了用于测定腺苷的电化学发光适配体传感器。首先将 $Ru(bpy)_3^{2+}$ 掺杂二氧化硅纳米颗粒标记的互补 DNA 固定在金电极表面。然后将二茂铁标记的适配体固定在金电极上，通过与互补 DNA 杂交在电极表面形成双链 DNA，使二茂铁对 $Ru(bpy)_3^{2+}$ 掺杂的二氧化硅纳米颗粒进行电化学发光猝灭。

在腺苷存在的情况下，二茂铁标记的适配体与腺苷形成腺苷-适配体复合物，并迫使二茂铁标记的适配体远离电极表面，从而增强电化学发光信号。该方法对腺苷的检出限为 31pmol/L。Wang 及其同事设计的这种无标记双功能电化学发光适配体传感器，通过在 Au 电极上装配两条含有适配体的 DNA 链，并使用 DNA-金纳米颗粒（Au NPs）放大了发光信号，从而实现溶菌酶和腺苷的平行检测。

2.7　自增强型电化学发光传感系统

为了缩短电子转移的距离和进一步增强电化学发光效率，研究者们将发光体和共反应剂通过共价/非共价键结合到同一分子中，这种分子的电化学发光电子转移过程是在分子内部进行的。与传统的电化学发光体系相比，具有电子传输距离短、发光效率高、发光信号强等优点。袁若教授课题组在这方面做了大量工作并将这种现象定义为"自增强电化学发光"。作为最经典的电化学发光试剂，$Ru(bpy)_3^{2+}$ 和酰肼类（luminol、ABEI）的自增强电化学发光首先得到研究，富含氨基的聚乙烯亚胺（PEI）、氮掺杂碳点、三(3-氨丙基)胺等都纷纷用于与 $Ru(bpy)_3^{2+}$ 或其衍生物复合成自增强电化学发光体系。袁若教授课题组利用戊二醛将 ABEI 和双(2,2'-联吡啶)(4'-甲基-2,2'-联吡啶-4-羧酸) 二氯化钌与共反应剂 PEI 共价偶联到一起形成了自增强电化学发光体 [ABEI-PEI-Ru(bpy)$_2$(mcbpy)$^{2+}$]。另外，金纳米簇（Au NCs）和量子点的自增强电化学发光也被报道出来。例如王刚立教授课题组通过将 N,N'-二乙基乙二胺（DE-DA）共价连接到硫辛酸稳定的 Au NCs 表面制备了一种具有自增强电化学发光性质的复合材料（Au-LA-DEPA），发光强度增强了 8 倍。卤化铅钙钛矿量子点由于其良好的光物理性质，也是一种极有前途的纳米电化学发光体。南京大学的朱俊杰教授课题组通过水解硅酸四乙酯将 $CsPbBr_3$ 量子点（CPB QDs）和共反应剂同时封装到原位合成的 SiO_2 中制备了具有自增强电化学发光性质的钙钛矿发光体，使得 CPB QDs 的结构得以稳定。

Ye 等人[35] 基于有效的分子内电子转移，成功地合成了具有自增强电化学发光信号的纳米杂化物。纳米杂化物由(4,4'-二羧酸-2,2'-联吡啶)二氯化钌（Ⅱ）[$Ru(bpy)_3^{2+}$]和聚乙烯亚胺包覆的碳点（BCD）成。这种设计可以有效地缩短电子转移距离，并且 PEI 和碳纳米点均用

作共反应剂以改善 $Ru(bpy)_3^{2+}$ 的电化学发光信号。半导体纳米材料的光学和光电子特性是由电子、空穴及其局部环境之间的相互作用产生的。其电子和空穴参与了 $Ru(bpy)_3^{2+}$ 电化学发光反应，从而使纳米材料成为 $Ru(bpy)_3^{2+}$ 电化学发光的共反应剂。Zhuo 等人[36] 报道了 CdTe@IR-MOF-3@CdTe 纳米复合材料，其中使用网状金属有机骨架 3（IRMOF-3）作为共反应促进剂，CdTe 作为发光体。由于将发光体和促进剂结合在一起，产生了较强的电化学发光信号。Yuan 等人[37] 通过共价键合 AuNCs 的发光体，将共反应剂三(3-氨基乙基)胺（TAEA）和共反应促进剂 Pd@CuO 整合到同一个纳米复合物中，以增强电化学发光信号。

2.8 分子内相互作用介导的自增强电化学发光

分子内电化学发光首先通过酰胺键将 $Ru(bpy)_3^{2+}$ 与最经典的共反应剂三丙胺（TPrA）相连接。$2.5\mu mol/L$ 共轭物的电化学发光强度与 $2.5\mu mol/L$ 的 $Ru(bpy)_3^{2+}$ 和 $250\mu mol/L$ TPrA 的电化学发光强度基本相等，是 $2.5\mu mol/L$ $Ru(bpy)_3^{2+}$ 和 $2.5\mu mol/L$ TPrA 的电化学发光强度的 18 倍左右。电化学发光效率的提高是由于电化学发光体与反应物的共价偶合缩短了电子传递路径，从而减少了能量损失。值得一提的是，在分子内电化学发光中清除高浓度外源 TPrA（如 $250\mu mol/L$）有望降低 TPrA 引起的电化学发光背景。Sun 等[38] 通过将 $Ru(bpy)_3^{2+}$ 与不同胺还原剂偶联，证实了分子内电化学发光机制。他们发现，共轭 Ru（II）配合物的电化学发光强度随着 Ru（II）配合物中氨基数量的增加而增加。Wang 等人[39] 构建了一种固态电化学发光传感器，其中聚苯乙烯被碳纳米管部分磺化。固定化的磺化聚苯乙烯被用作惰性基质，通过磺酸基与 $Ru(bpy)_3^{2+}$ 配合物离子之间的离子相互作用来捕获 $Ru(bpy)_3^{2+}$ 阳离子。Lee 等人[40] 利用磁场将 Nafion 薄膜稳定的 Fe_3O_4 磁性粒子吸附到 Pt 电极上，构建了 $Ru(bpy)_3^{2+}$ 电化学发光传感器。

Qin 等人[41] 研究了钌（II）三(2,2′-联吡啶基)[$Ru(bpy)_3^{2+}$] 在水相中的电化学发光性能。由于该发光物质存在对电极表面敏感特性，导致析氧反应（OER）过程中存在不利的非辐射弛豫途径。基于此，他们发现氮化碳量子点（CNQDs）可以抑制表面 OER 过程，从而减轻非辐射弛豫造成的能量损失，提高 $Ru(bpy)_3^{2+}$ 的阳极电化学发光信号。在 $Ru(bpy)_3^{2+}$/CNQDs 体系中，CNQDs 可以提高 $Ru(bpy)_3^{2+}$ 在氮气流（10 倍）和环境空气（161 倍）中的阳极电化学发光信号。无共反应剂 $Ru(bpy)_3^{2+}$/CNQDs 体系与普通共反应剂体系相比，具有 CNQDs 用量低（$100\mu g/mL$）、再生能力好等优点。此外，在经典的 $Ru(bpy)_3^{2+}$/$C_2O_4^{2-}$ 共反应物体系中引入 CNQDs 能够有效抑制 OER 过程，改善了电化学发光信号。该电化学发光增强策略有望应用于电化学发光传感，可以扩展到其他具有高氧化电位的电化学发光团，并为深入了解电化学发光过程和机制提供新思路。

　　由于提高了分子内电化学发光的强度和稳定性，以及纳米材料上大量的官能团作用于反应位点，自增强电化学发光引起了广泛的关注。Mintz 等人[28] 构建了一种新型的自增强电化学发光探针 Ru-NCDs，具有与 $Ru(bpy)_3^{2+}$/TPrA 系统相当的强而稳定的电化学发光性能。PEI 和 PAMAM 树状大分子具有大量的固有氨基，是开发自增强 $Ru(bpy)_3^{2+}$电化学发光纳米材料的理想替代品[42-43]。例如 Yuan 等人[44] 利用 Ru(Ⅱ)配合物作为电化学发光体，PEI 作为 Ru(Ⅱ)配合物共价固定的共反应剂和支架，合成了具有自增强电化学发光活性的线圈状纳米复合材料。碳纳米管作为 Ru(Ⅱ)-PEI 配合物的纳米载体（图 2.3）。分子内共反应物相互作用的偶合以及每个纳米颗粒中 Ru(Ⅱ)配合物和氨基的引入赋予了纳米复合材料更高的电化学发光效率。自增强电化学发光纳米探针不仅可以提高电化学发光的传感性能，还可以消除分子间共反应剂引起的生物毒性效应，扩大了电化学发光的应用范围，特别是在生物医学领域。例如，制备了自增强电化学发光 $Ru-SiO_2$ 纳米复合材料，通过监测活细胞凋亡来进行药物筛选[45]。此外，也可将自增强电化学发光引入传感器开发中。使用 Ru-Amp@CNTs-PEI-AuNCs 的 pro-电化学发光探针[46]，在目标 β-内酰胺酶存在下，pro-电化学发光探针（Ru-Amp）中的酰胺键发生结构转化，转化为仲胺，实现了分子内自增强电化学发光。

　　分子内相互作用介导的自增强电化学发光共反应剂的选择也很重要。起初，草酸盐或过硫酸氢盐与 $Ru(bpy)_3^{2+}$ 被用作检测皮摩尔和亚皮摩尔浓度的检测物。后来，TPrA 被 Leland 和 Powell 开发为有效的共反应剂，使得 $Ru(bpy)_3^{2+}$/胺体系得到了更广泛的研究。在 $Ru(bpy)_3^{2+}$/胺体系

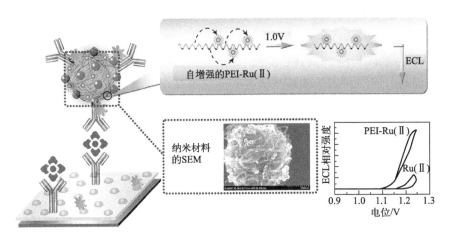

图 2.3　碳纳米管作为 Ru（Ⅱ）-PEI 配合物的纳米载体电化学发光免疫传感器

中，给电子基团倾向于增强电化学发光信号，这使得叔胺比其他共反应剂能更有效地提高电化学发光信号[47]。在某些情况下，吸电子取代基也可以提高电化学发光信号效率，例如使用 2-(二丁氨基)乙醇（DBAE）作为共反应剂，可以有效提升电化学发光效率。发光强度的显著差异归因于 DBAE 和 TPrA 的不同氧化速率。DBAE 中羟基的存在可以催化 Pt 电极上胺 的 直 接 氧 化，从 而 显 著 增 强 电 化 学 发 光 信 号。此 外，与 $Ru(bpy)_3^{2+}$/TPrA 体系相比，$Ru(bpy)_3^{2+}$/DBAE 体系表现出更宽的动态范围、更好的灵敏度、更小的毒性、更小的挥发性和更低的浓度。

2.9　展望

　　无机材料在电化学发光的研究中扮演着十分重要的角色，$Ru(bpy)_3^{2+}$ 和纳米材料是良好的发光体，许多纳米材料可以作为共反应剂促进 $Ru(bpy)_3^{2+}$ 的电化学发光，而且纳米材料的表面基团和电荷载体都可以作为有效的共反应位点。$Ru(bpy)_3^{2+}$ 也被开发出了自增强电化学发光体系，利用消除外源共反应剂的优势，极大地扩大了其应用范围。然而，$Ru(bpy)_3^{2+}$-纳米材料共反应剂电化学发光体系中有关电化学发光增强机制的研究仍是一个挑战，在未来的研究中应该借助各类先进的分析手段，进行更加深入的理论和实验研究。

参考文献

［1］ Zhu S, Wang S, Xia M, et al. Intracellular imaging of glutathione with MnO_2 nanosheet@ Ru(bpy)$_3^{2+}$-UiO-66 nanocomposites[J]. ACS Applied Materials & Interfaces, 2019, 11(35): 31693-31699.

［2］ Saqib M, Bashir S, Li H, et al. Efficient electrogenerated chemiluminescence of tris (2,2′-bipyridine) ruthenium (Ⅱ) with N-hydroxy sulfosuccinimide as a co-reactant for selective and sensitive detection of L-proline and mercury (Ⅱ)[J]. Analytical Chemistry, 2019, 91(19): 12517-12524.

［3］ Yuan Y, Han S, Hu L, et al. Co-reactants of tris (2,2′-bipyridyl) ruthenium (Ⅱ) electrogenerated chemiluminescence[J]. Electrochimica Acta, 2012, 82: 484-492.

［4］ Jie G, Ge J, Gao X, et al. Amplified electrochemiluminescence detection of CEA based on magnetic Fe_3O_4@ Au nanoparticles-assembled Ru@ SiO_2 nanocomposites combined with multiple cycling amplification strategy[J]. Biosensors and Bioelectronics, 2018, 118: 115-121.

［5］ Cheng L, Wei B G, He L L, et al. "Off-On" switching electrochemiluminescence biosensor for mercury (Ⅱ) detection based on molecular recognition technology[J]. Analytical Biochemistry, 2017, 518: 46-52.

［6］ Tingting H, Yue C, Jia W, et al. Crystallization-induced enhanced electrochemilumines ence from a new triscbipyridine ruthemium(Ⅱ) derivative[J]. Advanced Functional Materials. 2023, 33: 2212394.

［7］ Fan Y, Chen S, Wei S, et al. A simple "on-off-on" ECL sensor for glucose determination based on Pd nanowires and Ag doped g-C_3N_4 nanosheets[J]. Analytical Methods, 2020, 12(1): 8-17.

［8］ Ding Z, Quinn B M, Haram S K, et al. Electrochemistry and electrogenerated chemiluminescence from silicon nanocrystal quantum dots. [J] Science, 2002, 296 (5571):1293-1297.

［9］ Xu Z, Yu J, Liu G. Fabrication of carbon quantum dots and their application for efficient detecting Ru (bpy)$_3^{2+}$ in the solution[J]. Sensors and Actuators B: Chemical, 2013, 181: 209-214.

［10］ Li L, Yu B, Zhang X, et al. A novel electrochemiluminescence sensor based on Ru(bpy)$_3^{2+}$/N-doped carbon nanodots system for the detection of bisphenol A [J]. AnalyticaChimicaActa, 2015, 895: 104-111.

［11］ Chen L, Zeng X, Dandapat A, et al. Installing logic gates in permeability controllable polyelectrolyte-carbon nitride films for detecting proteases and nucleases[J]. Analytical Chemistry, 2015, 87(17): 8851-8857.

[12] Valenti G, Scarabino S, Goudeau B, et al. Single cell electrochemiluminescence imaging: From the proof-of-concept to disposable device-based analysis[J]. Journal of the American Chemical Society, 2017, 139(46): 16830-16837.

[13] Feng Q M, Shen Y Z, Li M X, et al. Dual-wavelength electrochemiluminescence ratiometry based on resonance energy transfer between Au nanoparticles functionalized g-C_3N_4 nanosheet and Ru(bpy)$_3^{2+}$ for microRNA detection[J]. Analytical Chemistry, 2016, 88(1): 937-944.

[14] Wang Y Z, Hao N, Feng Q M, et al. A ratiometricelectrochemiluminescence detection for cancer cells using g-C_3N_4 nanosheets and Ag-PAMAM-luminol nanocomposites[J]. Biosensors and Bioelectronics, 2016, 77: 76-82.

[15] Valenti G, Zangheri M, Sansaloni S E, et al. Transparent carbon nanotube network for efficient electrochemiluminescence devices[J]. Chemistry-A European Journal, 2015, 21(36): 12640-12645.

[16] Valenti G, Fiorani A, Li H, et al. Essential role of electrode materials in electrochemiluminescence applications [J]. Chem Electro Chem, 2016, 3 (12): 1990-1997.

[17] Jie G, Zhou Q, Jie G. Graphene quantum dots-based electrochemiluminescence detection of DNA using multiple cycling amplification strategy[J]. Talanta, 2019, 194: 658-663.

[18] Sakanoue K, Fiorani A, Irkham, et al. Effect of boron-doping level and surface termination in diamond on electrogenerated chemiluminescence[J]. ACS Applied Electronic Materials, 2021, 3(9): 4180-4188.

[19] Chan W C, Maxwell D J, Gao X, et al. Luminescent quantum dots for multiplexed biological detection and imaging[J]. Currend Opinion in Biotechnology, 2002, 13(1): 40-46.

[20] Taokaenchan N, Tangkuaram T, Pookmanee P. Enhaced eletrogenerated chemiluminescence of tri(2,2'-bipyridyl) ruthenium(II) system by L-cysteine-capped CdTe quantum dots and its application for the determination of nitrofuran antibiotics[J]. Biosensors and Bioelectronics, 2015, 66: 231-237.

[21] 王明丽,孙亚楠,郭佳怡等. 硫化镉量子点对三联吡啶钌电化学发光的增敏作用及用于邻苯二酚的检测[J]. 分析化学,2018,46(05):780-786.

[22] Dang J, Guo Z, Zheng X. Label-free sensitive electrogenerated chemiluminescence aptasensing based on chitosan/ Ru (bpy)$_3^{2+}$/silica nanoparticles modified

electrode[J]. Analytical Chemistry, 2014, 86(18): 8943-8950.

[23] Dong Y P, Chen G, Zhou Y, et al. Electrochemiluminescent sensing for caspase-3 activity based on Ru (bpy)$_3$$^{2+}$-doped silica nanoprobe[J]. Analytical Chemistry, 2016, 88(3): 1922-1929.

[24] Wargnier R, Baranov A V, Maslov V G, et al. Energy transfer in aqueous solutions of oppositely charged CdSe/ZnS core/shell quantum dots and in quantum dot-nanogold assemblies[J]. Nano Letters, 2004, 4(3): 451-457.

[25] Wu M S, He L J, Xu J J, et al. RuSi@Ru(bpy)$_3$$^{2+}$/Au@Ag$_2$S nanoparticles electrochemiluminescence resonance energy transfer system for sensitive DNA detection[J]. Analytical Chemistry, 2014, 86(9): 4559-4565.

[26] Long Y M, Bao L, Zhao J Y, et al. Revealing carbon nanodots as coreactants of the anodic electrochemiluminescence of Ru(bpy)$_3$$^{2+}$ [J]. Analytical Chemistry, 2014, 86(15):7224-7228.

[27] Li L, Yu B, Zhang X, et al. A novel electrochemiluminescence sensor based on Ru (bpy)$_3$$^{2+}$/N-doped carbon nanodots system for the detection of bisphenol A [J]. AnalyticaChimicaActa, 2015, 895: 104-111.

[28] Mintz J, Guerrero B, Leblanc R M. Photoinduced electron transfer in carbon dots with long-wavelength photoluminescence[J]. The Journal of Physical Chemistry C, 2017, 129: 4835-4839.

[29] Luo L, Li L, Xu X, et al. Determination of pentachlorophenol by anodic electro-chemiluminescence of Ru(bpy)$_3$$^{2+}$ based on nitrogen-doped graphene quantum dots as co-reactant[J]. RSC Advances, 2017, 7(80): 50634-50642.

[30] Lin Z, Chen L, Zhu X, et al. Signal-on electrochemiluminescence biosensor for thrombin based on target-induced conjunction of split aptamer fragments [J]. Chemical Communications, 2010, 46(30): 5563-5565.

[31] Dong Y P, Zhou Y, Wang J, et al. Electrogenerated chemiluminescence resonance energy transfer between Ru(bpy)$_3$$^{2+}$ electrogenerated chemiluminescence and gold nanoparticles/graphene oxide nanocomposites with graphene oxide as co-reactant and its sensing application[J]. Analytical Chemistry, 2016, 88(10): 5469-5475.

[32] He Y, Chai Y, Wang H, et al. A signal-on electrochemiluminescence aptasensor based on the quenching effect of manganese dioxide for sensitive detection of carcinoembryonic antigen[J]. RSC Advances, 2014, 4(100): 56756-56761.

[33] Lin Z, Chen L, Zhu X, et al. Signal-on electrochemiluminescence biosensor for thrombin based on target-induced conjunction of split aptamer fragments [J]. Chemical Communications, 2010, 46(30): 5563-5565.

[34] Wang H, Gong W, Tan Z, et al. Label-free bifunctional electrochemiluminescence aptasensor for detection of adenosine and lysozyme[J]. Electrochimica Acta, 2012, 76: 416-423.

[35] Ye J, Liu G Y, Yan M X, et al. Highly luminescent and self-enhanced electrochemiluminescence of tris(bipyridine) Ruthenium (Ⅱ) nanohybrid and its sensing application for label-free detection of micro RNA[J]. Analytical Chemistry, 2019, 91: 13237-13243.

[36] Yang X, Yu Y Q, Peng L Z, et al. Strong-electrochemiluminescence from MOF accelerator enriched quantum dots forenhanced sensing of trace cTnI[J]. Analytical Chemistry, 2018, 90: 3995-4002.

[37] Zhou Y, Chen S H, Luo X L, et al. Ternaryelectroc hemiluminescence nanostructure of Au nanoclusters as a highly efficient signal label for ultrasensitive detection of cancer biomarkers[J]. Analytical Chemistry, 2018, 90: 10024-10030.

[38] Sun S, Yang Y, Liu F, et al. Intra-and intermolecular interaction ECL study of novel ruthenium tris-bipyridyl complexes with different amine reductants[J]. Dalton Transactions, 2009 (38): 7969-7974.

[39] Li J, Xu Y, Wei H, et al. Electrochemiluminescence sensor based on partial sulfonation of polystyrene with carbon nanotubes[J]. Analytical Chemistry, 2007, 79(14): 5439-5443.

[40] Kim D J, Lyu Y K, Choi H N, et al. Nafion-stabilized magnetic nanoparticles (Fe_3O_4) for $[Ru (bpy)_3]^{2+}$ (bpy = bipyridine) electrogenerated chemiluminescence sensor[J]. Chemical Communications, 2005 (23): 2966-2968.

[41] Qin Y, Wang Z, Xu J, et al. Carbon nitride quantum dots enhancing the anodic electrochemiluminescence of ruthenium (Ⅱ) tris (2, 2'-bipyridyl) via inhibiting the oxygen evolution reaction [J]. Analytical Chemistry, 2020, 92 (23): 15352-15360.

[42] Chikhaliwala P, Chandra S. Dendrimers: New tool for enhancement of electrochemiluminescent signal[J]. Journal of Organometallic Chemistry, 2016, 821: 78-90.

[43] Deng W, Hong L R, Zhao M, et al. Electrochemiluminescence-based detection method of lead (Ⅱ) ion via dual enhancement of intermolecular and intramolecular co-reaction[J]. Analyst, 2015, 140(12): 4206-4211.

[44] Zhuo Y, Liao N, Chai Y Q, et al. Ultrasensitive apurinic/apyrimidinic endonuclease limmunosensing based on self-enhanced electrochemiluminescence of a Ru (Ⅱ) complex[J]. Analytical Chemistry, 2014, 86(2): 1053-1060.

［45］ Liang W，Zhuo Y，Xiong C，et al. Ultrasensitive cytosensor based on self-enhanced electrochemiluminescent ruthenium-silica composite nanoparticles for efficient drug screening with cell apoptosis monitoring［J］. Analytical Chemistry，2015，87(24)：12363-12371.

［46］ Gui G F，Zhuo Y，Chai Y Q，et al. A novel ECL biosensor for β-lactamase detection：Using RU（Ⅱ）linked-ampicillin complex as the recognition element［J］. Biosensors and Bioelectronics，2015，70：221-225.

［47］ Liu X，Shi L，Niu W，et al. Environmentally friendly and highly sensitive ruthenium（Ⅱ）tris（2,2'-bipyridyl）electrochemiluminescent system using 2-(dibutylamino) ethanol as co-reactant［J］. Angewandte Chemie International Edition，2007，46(3)：421-424.

第 3 章
有机电化学发光体系

电化学发光（ECL）具有接近零背景信号、灵敏度高、动态范围宽、简单等优点，广泛应用于传感、成像和单细胞分析等领域，电化学发光团是影响其应用性能的关键因素。在各种发光材料中，有机发光材料表现出许多优点，比如易于合成、廉价无毒、易于功能化、良好的生物相容性、易于修饰和明确的分子结构等，这使得有机发光材料在电化学发光领域有着广泛的应用[1]。本章主要介绍新型有机电化学发光体的优点和发光机理，有机电化学发光团的主要类型、分子特性和电化学发光性能，最后，讨论了有机电化学发光团在应用中面临的挑战和前景。

有机杂环化合物分子中构成环的原子除碳原子外，还至少含有一个杂原子。最常见的杂原子有氮原子、硫原子和氧原子。杂环上的杂原子可以有一个、两个或多个，可以是一种原子，也可以是两种不同的原子。有机杂环化合物发光体可大致分为有机杂环小分子发光体和有机杂环高分子发光体。有机杂环小分子发光体主要有鲁米诺、吖啶酯、卟啉、噻咯、咪唑等；有机杂环高分子发光体具有大的 π-共轭体系和分子量，又称为 π-共轭聚合物，在性质方面与有机杂环小分子发光体有很大的不同。共轭聚合物纳米材料因具有优异的光学性能和良好的生物相容性，也引起了大家的普遍关注和研究。

电化学发光团是构建电化学发光体系的关键因素，直接决定其应用和效率。自 20 世纪 60 年代中期首次详细报道了使用多环芳烃作为发光团的电化学发光研究以来，基于有机的电化学发光团数量显著增加。随后，出现了越来越多的新型发光团。根据其组成，电化学发光团可分为三种类型：有机小分子[2]、金属配合物[3] 和纳米颗粒[4] 等。在这些电化学发光团中，有机小分子已经引起了学术界的广泛关注，特别是基于其易于修饰、分子结构明确、生物相容性好等优良特性，研究人员将有机电化学发光团应用于分析、检测和传感领域[5]。

因此，有机体系在电化学发光领域应用非常有潜力，由于有机物种类繁多，通过一系列化学反应所合成的新分子越来越多，其性质也随着结构的改变而不断变化，所以具有电化学发光特性的有机分子也不计其数。大多数科学家在电化学发光的材料选择上以多环芳烃为主。比如：多环芳香族化合物（PAHs）中的红荧烯和 9, 10-二苯基蒽（DPA）的荧光量子产率高，并且在非质子介质中产生的自由基阳离子和阴离子稳定，因此得到了研究者的广泛关注。但是这一类物质，它们的水溶性较差，只能在有机溶剂中进行，这样就大大限制了它们的进一步实际应用，所以合成一些水溶性好的有机发光小分子将会拓展电化学发光在各个领域的应用。

近年来，人们对基于有机小分子的新型电化学发光团和传感策略[6]的开发越来越关注。这种关注主要源于电化学发光技术在单细胞检测中的不断发展以及对细胞异质性分析需求的增加。具有接近于零背景的电化学发光在单细胞分析中效果很好。随着科技的进步，人们对新型电化学发光团和传感策略进行了广泛的研究。通过合成和改良有机小分子，成功地开发出了一系列具有优异性能的电化学发光材料。这些材料不仅能够产生强烈而稳定的荧光信号，还具备灵敏度高、选择性好等特点，使其在生物医学领域得到了广泛应用。

同时，在单细胞检测方面[7]，电化学发光技术取得了显著进展。该技术可以实现对单个细胞内部环境变化进行实时监测，并提供准确可靠的数据支持。尤其是针对复杂样本中存在的细胞异质性问题，电化学发光技术提供了有效解决办法。值得注意的是，在单细胞分析过程中需要降低或消除干扰信号以保证结果的准确性。因此，具有接近于零背景噪声水平且高亮度、长寿命、快速响应等特点的电化学发光方法受到广泛关注并被认为是理想的选择之一。

3.1　鲁米诺衍生物

鲁米诺，又名发光氨，是一种具有阳极电化学发光特性的发光体，它具有价格低廉、试剂用量少、氧化还原电位低等优点，并且具有高的发光效率；自 1928 年首次被研究以来，鲁米诺一直是应用最广泛的有机电化学发光团之一。其低激发电位（0.6V，相对于 Ag/AgCl，玻璃碳电极上）、在水相和固相中高效的电化学发光性能，使其在免疫分析、小分子检测、酶活性分析等领域得到了广泛的应用。鲁米诺在碱性条件下，可被过氧化物氧化并伴随着发光，但在氧化的同时需要催化剂的参与，一般的催化剂为多价态的金属离子、过氧化酶[8] 等。在阳极鲁米诺电化学发光中，鲁米诺被电化学氧化为鲁米诺自由基阴离子，形成的自由基再被过氧化氢（H_2O_2）、超氧自由基或次溴酸盐等反应物化学氧化生成激发态的盐。此外，由于芳香环上存在活性氨基，鲁米诺可以轻松地与其他材料连接，并通过共价键与生物大分子偶联。这不仅可以保持电化学发光信号的稳定性，还可提高检测系统的准确性，而且不同化学官能团的鲁米诺衍生物（图 3.1）进一步提高了这类分子的电化学发光效率并改善了其理化特性。

鲁米诺体系中最经典的是鲁米诺-过氧化氢体系，例如 Tamiya 等人[9] 发现鲁米诺在电极表面，于 $0.2 \sim 0.3V$ 扫描电压范围内被氧化，生成自由基或重氮醌。氧化后的发光氨与 O^{2-} 和 H_2O_2 等活性氧（ROSs）反应形成激发态后，返回基态时发光。当施加 $-1 \sim -0.5V$ 扫描电压，在电极上产生 ROSs 时，无需添加 ROSs 即可诱导发光。然而 H_2O_2 不稳定，在金属离子、氧化剂或还原剂存在下容易分解，导致选择性差，限制了其在生物检测中的应用。因此寻找具有高稳定性和高灵敏度的新型鲁米诺电化学发光共反应物具有重要意义。

合成鲁米诺衍生物的其中一种方法是在芳环上直接引入新的官能团。Baeumner 及其团队[10] 成功地在鲁米诺的苯环上引入亲水羧酸基团［如图 3.1（b）］，并以 15％的总收率合成了间羧基鲁米诺。与母体鲁米诺在中性溶液中较差的溶解性不同，合成的间羧基鲁米诺表现出良好的水溶性，在生理条件下具有优异的发光特性，新的分子展示出比原始鲁米诺高 4 倍的电化学发光强度。

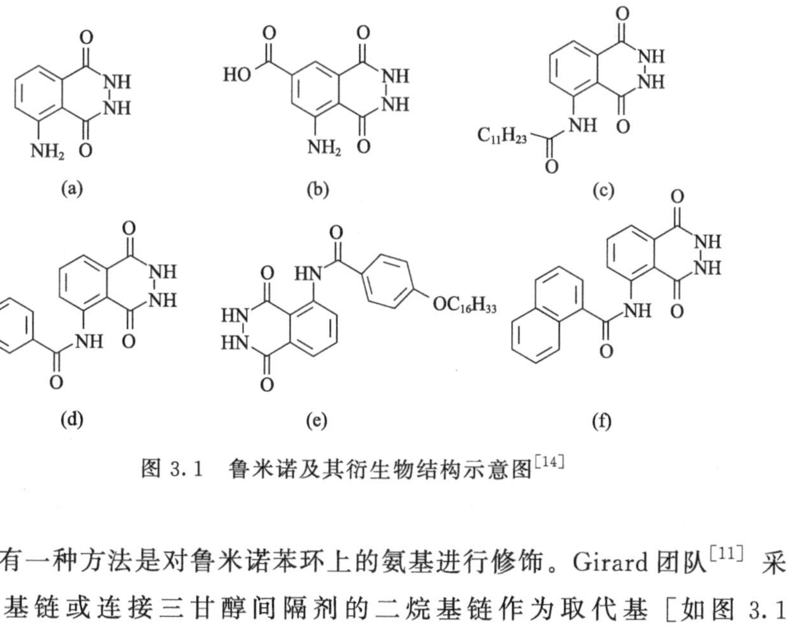

图 3.1　鲁米诺及其衍生物结构示意图[14]

还有一种方法是对鲁米诺苯环上的氨基进行修饰。Girard 团队[11] 采用单烷基链或连接三甘醇间隔剂的二烷基链作为取代基［如图 3.1

(c)]，成功合成了两个具有两亲性的发光氨衍生物。这两种衍生物均保留了在 H_2O_2 共反应体系中所观察到的鲁米诺电化学发光信号。此外，这些两亲性鲁米诺衍生物不仅在电化学发光强度方面与原始化合物相当，并且其潜在应用领域也几乎一致。

近年来也报道了其他基于共反应物的鲁米诺体系。例如，Zheng 和 Guo[12] 在碳纳米管表面原位制备出用硝酸或盐酸处理的 $Co\text{-}N_x\text{-}C$ 电催化剂（Co-POC-O 或 Co-POC-R）。Co-POC-O 修饰在电极上可协同增强鲁米诺电化学发光信号。与 Co-POC-R 相比，Co-POC-O 电催化剂不仅表现出优异的氧还原反应（ORR）性能，而且更多地通过非共价键富集鲁米诺。该方法提高了电化学反应中电极表面的鲁米诺量，并缩短了氧化鲁米诺和 ROS 之间的电子转移距离，提高了电子转移效率，进而显著提高了电化学发光强度，比裸电极高 10 倍，比 Co-POC-R 高 2 倍。得益于硝酸的处理，Co-POC-O 电催化剂的表面形成了独特的介孔结构和丰富的氧官能团（OFG），有利于提高参与后续电化学发光反应的鲁米诺分子的浓度并提高电化学发光强度。另一方面，Co-POC-O 优选催化 ORR 反应以产生更多 $O_2^{-\cdot}$，这些原位生成的 $O_2^{-\cdot}$ 将与鲁米诺反应以增强鲁米诺电化学发光信号。该平台实现了高度灵敏的多巴胺（DA）检测，检测极限低至 1.0pmol/L，线性范围为 10pmol/L 至 1.0nmol/L。Co-POC-O 既是共反应加速器，又是发光体的载体材料，为实现电化学发光信号放大提供了新的思路。

Wang 和 Li 等利用可调的配位环境和结构依赖的催化特性[13]，使用单原子催化剂（SACs）揭示了 ORR 活性与电化学发光行为之间的关系，提出了 Fe-SAC 催化的鲁米诺阴极电化学发光体系的反应机理。首先，负电位扫描在 Fe-SAC 的催化下呈高效的 ORR 活性，生成了大量的活性氧物种（ROS）。然后 Fe-SAC 催化大量的鲁米诺阴离子（ LH^- ）并在 ROS 的参与下被氧化为激发态的 AP_2^{2-*} ，类似血红素下结构依赖的催化性质，产生显著的电化学发光信号。该研究揭示了在低负电位下鲁米诺-溶解氧在 Fe-SAC 催化下的阴极电化学发光行为。表明电化学发光与 ORR 的活性和选择性有关。尽管人们在开发鲁米诺衍生物方面做出了巨大的努力，但基于鲁米诺的系统发射的光波长较短（425 nm），这限制了鲁米诺发光体系的进一步发展。

3.2　噻咯衍生物

噻咯是一种含有硅原子的五元杂环化合物，其分子结构中包含了独特的结构，使得噻咯及其衍生物在电子轨道上具有特殊的相互作用方式。与其他类似共轭杂环化合物相比，噻咯衍生物（图 3.2）的最低未占据分子轨道（LUMO）能级较低，这意味着它们在适当溶剂以及电位窗口内更容易发生氧化反应。由于这个特性，在电化学发光领域中，噻咯及其衍生物被广泛应用并显示出非常优异的发光性能。电化学发光技术是一种通过外加电压激活荧光标记分子产生可见光信号的方法。而噻咯衍生物正好可以在适当溶剂条件下实现氧化反应，并且该反应过程可以通过外部施加电压进行控制。因此，基于噻咯结构和 LUMO 能级调控方面的优势，噻咯及其衍生物成为了电化学发光技术中重要的功能材料之一。它们不仅可以提高电化学发光传感器对目标分析物质的检测灵敏度和选择性，还能够实现快速响应和稳定性等优良性能。

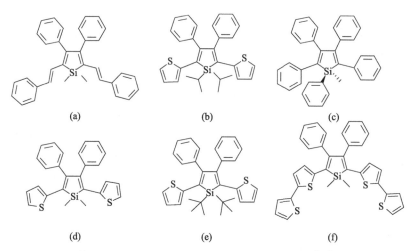

(a)　　　　　(b)　　　　　(c)

(d)　　　　　(e)　　　　　(f)

图 3.2　噻咯衍生物电化学发光团结构示意图[14]

例如，一系列含有乙基和乙烯替代品的噻咯衍生物的电化学发光特性是由 Bard 团队首先报道的[15]［如图 3.2（a）］，噻咯衍生物通过湮灭机制表现出很好的电化学发光性能。此外，取代基对衍生物的电化学发光行为具有重要影响。普通乙基取代噻咯结构空间刚性较差，在振动状态下更容易损失能量，因此表现出较差的电化学发光性能。相比之下，乙烯取代噻咯结构具有良好的空间刚性和优异的电化学发光性能。另外，在乙基或乙烯取代的噻咯中引入叔丁基和苯基等大位阻取代基可以更好地保护双键和三键不发生二次均相反应，并促进自由基淬灭而产生电化学发光信号。

Lu 与 Wang 团队合作[16] 研究的一系列新型苯并噻咯衍生物很好地弥补了聚集诱导发光（AIE）分子在电化学发光领域的不足。他们系统报道了具有不同取代基 [—H、—F、—C(CH$_3$)$_3$、—OCH$_3$、—CN] 的一系列苯并噻咯衍生物的聚集诱导电化学发光行为。在共反应剂 K$_2$S$_2$O$_8$ 的存在下，五个发光体均表现出了优异的电化学发光信号以及出色的稳定性。通过荧光、循环伏安测试和相关的理论计算证明了苯并噻咯衍生物结构中不同取代基对聚集诱导电化学发光性能的影响，并得出取代基的吸电子能力越强电化学发光信号越强的结论。其中，具有强吸电子氰基的 2,3-二(4-氰基苯基)-1,1-二苯基-苯并噻咯（TPBS-C）表现出最佳的电化学发光行为，相比于标准的 Ru(bpy)$_3$$^{2+}$ 其电化学发光效率为 184.36%。TPBS-C 具有最强电化学发光强度不仅源于聚集的分子限制了外围苯基的分子内运动，从而抑制了非辐射跃迁，而且 TPBS-C 具有最低的还原电位，TPBS-C 发生两次还原过程会产生更多的阴离子自由基（TPBS-C$^{\cdot-}$）。此外，将 TPBS-C 修饰在电极上构建的电化学发光传感器实现了对水相系统中有毒的 Cr（VI）的超灵敏检测。在 10^{-12} mol/L 至 10^{-4} mol/L 的宽浓度范围内显示出优异的检测性能，并且检测限极低，仅为 0.83pmol/L。这项工作为设计聚集诱导活性电化学发光体并扩展其在环境污染物检测中的应用提供了一些有价值的参考与指导。该课题组还通过共反应的策略报道了四苯基噻咯的聚集诱导电致化学发光现象[17]，并且表现出很高的发光效率（37.8%），体系在水相中能够选择性识别在工业上重要的 4,6-二硝基-2-仲丁基苯酚（DNBP）增塑剂，检出限低至 0.15nmol/L。这一新体系成功解决了有机发光体普遍存在的非水溶性和聚集诱导猝灭（ACQ）等关键问题，实现了在水相中非水溶性有机物的电化学发光。

3.3 噻吩衍生物

噻吩是一种具有五元环结构的化合物，在发光基团的合成和功能化方

面扮演着十分重要的角色，因为它是一个富电子基团。通常情况下，噻吩被用作连接体或给予电子基团的发光结构中。例如，Bard 小组[18] 报道了一种噻吩作为连接剂的红色荧光染料，该染料采用供体-受体-供体结构。对该分子电化学发光特性进行研究后，发现该分子可以在二氯甲烷溶液中通过湮灭表现出强烈的电化学发光信号。

除了已报道的噻吩作为构建电化学发光基团的连接剂外，Ding 团队[19] 还通过点击化学反应构建了一系列噻吩衍生物［如图 3.3（a）～(h)］。这些衍生物中，噻吩被引入作为给电子基团。在 N, N'-二甲基甲酰胺溶液中，在过氧化苯甲酰的辅助下，以磷酸四丁基铵作为支撑电解质，在溶液中表现出较弱的电化学发光信号。此外，对这些化合物进行了电化学研究，发现它们在氧化或还原态以及氧化还原电位下都是不稳定的。另外，在研究过程中也发现络合物的长度和配体性质对于这些化合物的氧化还原电位有显著影响。进一步地，在对这些化合物进行晶体结构分析时发现，它们具有平面结构，并且可以通过 π-π 堆积形成聚合物结构，从而有利于激发态能级的产生。此外，在电化学发光研究方面也取得了重要进展。实验结果显示湮灭作用会减弱电化学发光信号强度，然而加入适当的氧化共反应物则能显著增强电化学发光信号。因此，关于这些电化学发光结构与性质之间相互关系的研究将有助于开发出高效率的噻吩基发光

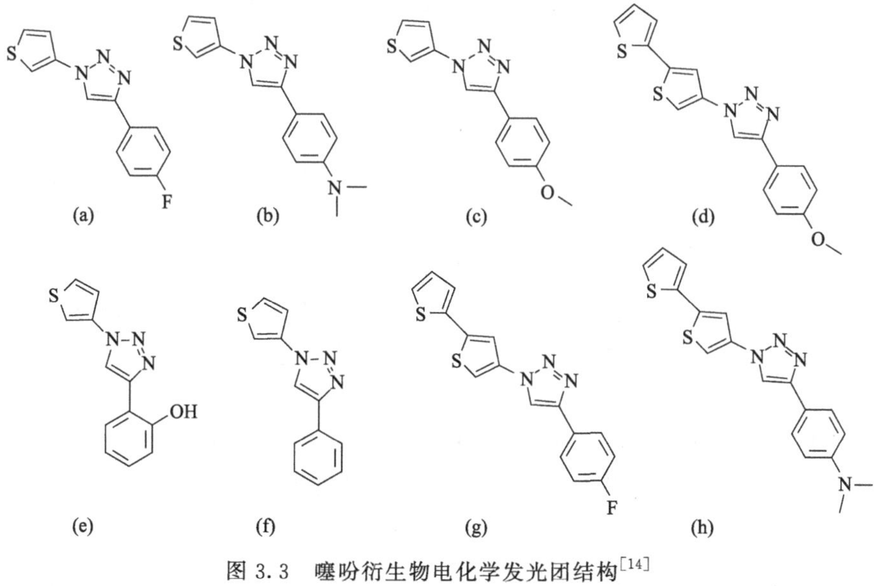

图 3.3　噻吩衍生物电化学发光团结构[14]

基团。尽管噻吩分子能够产生电化学发光，但是关于由噻吩、三唑和电子受体组成的供体-受体-π共轭体系的报道并不常见。此外，精细化的噻吩类化合物的合成也较难以实现。Ding研究小组[19]报道了3-叠氮噻吩和4-叠氮-2,2'-联噻吩与多种芳基乙炔的成功偶联后，得到了8个基于噻吩的发光材料，并将其用于电化学和电化学发光方面的研究。结果表明它们在湮灭及过氧化苯甲酰、过硫酸铵和TPrA共反应物体系中具有电化学发光行为。湮灭过程中的电化学发光证实了这些噻吩的弱发光性质。然而，加入氧化型共反应物可以提高该类噻吩衍生物的电化学发光效率。电化学发光光谱结果表明，准分子激发态和聚合物激发态比它们的单体激发态更有利于形成，并可根据外加电位进一步调节。

3.4 硼-二吡咯烷衍生物

硼-二吡咯烷（BODIPY）染料在可见光和近红外（NIR）区都具有特别高的吸收系数和光致发光量子效率。因此，其衍生物（图3.4）也得到了广泛的研究和应用，作为荧光标记和激光染料。除了光学特性外，BODIPY染料还具有多种电化学特性，这些特性与结构设计有直接关系。Bard团队[20]率先对几种BODIPY染料进行了电化学和电化学发光性能的研究。然而，它们的电化学发光效率并没有预期得那么高。Ding等人[21]研究的一种巨型BOPIDY染料具有较高的电化学发光效率，它包括连接的一个联苯和两个位于中位和α位的长链（C_8）臂。本质上，芳香链的存在为π之间的相互作用提供了很大的可能性，从而使分子间电子转移成为可能。在以BODYPY（氟硼化合物）为核心的α、β或环中间位置阻断预计能够稳定电激发生成的自由基，从而增强电化学发光强度。与$Ru(bpy)_3^{2+}$/TPrA电化学发光体系相比，BODYPY染料的电化学发光效率大于80%，明显高于其他BODIPY染料。BODIPY衍生物的设计和电化学发光研究已经取得了丰硕的成果，但是它们的合成往往需要较长的时间且收率较低。

星形共轭低聚物是一种由中心核和线型聚合物臂组成的支链分子，由于其在电学、光学和形态学上都具有核心和臂的优点，近年来受到了广泛的关注。π共轭的低聚芴因其蓝色的电致发光特性而受到人们的广泛关注。Bard等人[22]报道了三个1,3,5-三（蒽-10-基）苯为中心的星型低聚

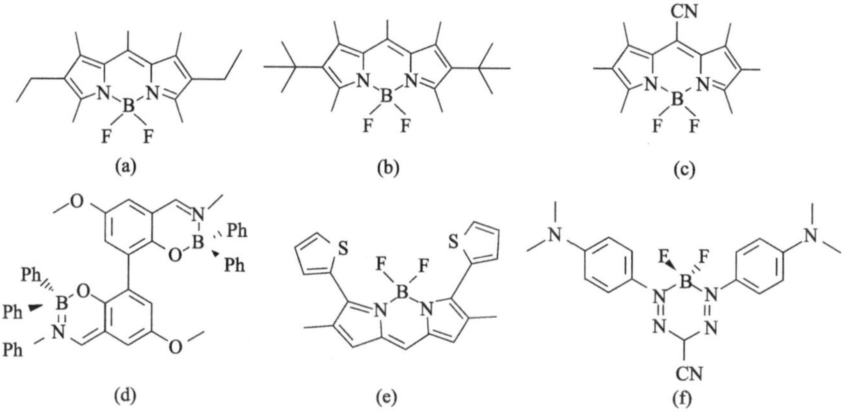

图 3.4　硼-二吡咯烷衍生物电化学发光团结构示意图[14]

（T$_1$～T$_3$）在乙腈-苯溶液中的电化学发光现象。化合物 T$_1$～T$_3$ 以 1,3,5-三(蒽-10-基)苯为核心，以芴为臂，从单芴到三芴基团（$n=1$～3），形成了刚性的三维结构。并计算了从核心和臂上依次移除或添加电子的形式电位。通过超微电极上的计时安培法、数字模拟和密度泛函理论（DFT）计算证实了多电子转移的机制。在离子湮没条件下，T$_1$～T$_3$ 可产生强蓝色电化学发光信号，归属于 S 路径。因此，这些化合物可以作为电化学发光材料的候选材料。Xu 的团队[23] 在研究中还发现，由六个新合成的碳硼基咔唑组成的水溶性聚集诱导有机量子点具有很高的稳定性和生物相容性，他们通过将咔唑基和碳硼基分别作为电子供体和受体，并在 K$_2$S$_2$O$_8$ 共反应物的缓冲溶液中进行了实验，结果表明这些化合物具有良好的电化学发光特性。对这些化合物进行进一步电化学研究后，发现氧化/还原反应主要发生在碳硼基单元上。这意味着，在水介质中，碳硼基单元起到了重要作用，参与了聚集诱导电化学发光过程。该类研究结果表明，由六个新合成的碳硼基咔唑组成的水溶性聚集诱导有机量子点有望用于生物传感器、荧光探针等领域。其优异的稳定性、生物相容性以及高效的聚集诱导电化学发光性能使得它们可以被广泛应用于生命科学研究和医学诊断等领域。总之，这种新型水溶性聚集诱导有机量子点不仅结构独特且含有重要功能元素硼原子，在实验条件下表现出了良好的稳定性、生物相容性以及高效的聚集诱导电化学发光性能。该研究为设计制备更多具有类似特点并可广泛应用于电化学发光的材料提供了新思路和方法。

3.5　香豆素衍生物

香豆素是一种具有高效荧光染料特性的化合物，其在科学研究和应用领域中发挥着重要的作用。由于香豆素分子结构中的芳香环易于修饰，已经成功用于合成数千种不同的香豆素衍生物。这些衍生物（图 3.5）不仅具有优异的光化学和光物理性质，还在荧光传感、成像以及有机发光器件等领域得到广泛应用。为了深入探究不同位置取代基对香豆素电化学发光性质的影响，研究人员开发了多个新型香豆素衍生物。通过引入不同取代基或改变它们的位置，可以调节香豆素分子内部电子能级结构和相互作用方式，从而实现对电化学发光性质的精确调控。Wang 采用溶剂交换法制备了一系列香豆素微晶（C545MCs）作为新一代电化学发光基团[24]。其中，以三乙醇胺（TEOA）为共反应物的叶片状 C545MCs 表现出稳定而强劲的阳极电化学发光信号，是 C545 单体的 9.28 倍。通过对比其前身香豆素和香豆素 6H，实验和理论计算揭示了供体和受体对 C545 电化学发光性质的影响。基于多巴胺（DA）对 C545MCs-TEOA 电化学发光系统的猝灭作用，构建了多巴胺检测的高灵敏电化学传感平台，其可以在较宽的线性范围（1nmol/L～1mmol/L）内获得较低的检出限（0.38nmol/L，S/N＝3）。这项工作有力地丰富了基于供体-受体的香豆素材料在电化学发光传感中的应用。Ala-Kleme 等人合成了 3 个香豆素衍生物［如图3.5（f），（g），（h）］，它们表现出较强的单线态电化学发光信号[25]，并且具有较高的电化学发光效率。Qi 等[26] 还基于供体-受体策略合成了香

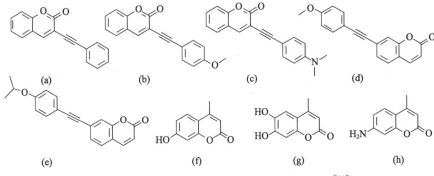

图 3.5　香豆素衍生物电化学发光团结构示意图[14]

豆素衍生物，并将该化合物组装成小分子有机纳米颗粒，揭示了在 TPrA 作为共反应物存在下在水溶液中聚集诱导的电化学发光现象。与母体化合物相比，该纳米颗粒表现出紫外红移吸收、光致发光蓝移和增强的电化学发光现象，这可能是由于该有机纳米颗粒中的构象弛豫受到限制和发光中间体阳离子自由基较为稳定所致。此外，该传感系统对抗坏血酸（AA）、尿酸（UA）和多巴胺（DA）的检测具有较高的灵敏度。

这些新型香豆素衍生物在电化学发光技术方面表现出许多突出特点。首先，在电化学发光过程中产生强烈且稳定的荧光信号，使其成为一种理想的标记试剂；其次，在低电压下即可激活并产生明亮荧光信号，因此具备较低功耗和高效率等优势；此外，在溶液体系中也表现出良好的稳定性和抗干扰能力。这些新型香豆素衍生物被应用于各个领域。例如，在医学诊断方面，利用它们进行细胞成像、肿瘤检测以及蛋白质分析等，取得了显著进展；同时，在环境监测、食品安全检测以及材料科学等领域也发挥着重要作用。总之，随着对香豆素衍生物功能与性能认知逐渐加深，并且通过合理设计与修饰制备出更多类型的香豆素化合物，在未来将会有更加广泛的应用前景。

3.6　9,10-二苯基蒽衍生物

9,10-二苯基蒽是一种含有大量官能团的蒽衍生物，其具有很高的化学稳定性和光学性质。由于独特的分子结构，它们可以在光电领域中得到广泛应用。例如，在荧光探针、染料、电致发光器件等方面都有着重要作用。在过去的研究中，人们已经发现了 9,10-二苯基蒽在光致发光条件下几乎很难形成发光基态分子。但是，在某些特殊情况下，这些准分子可以在电化学发光中被观察到。因此，越来越多的科学家开始关注 9,10-二苯基蒽的电化学发光研究，并且取得了一系列的进展。目前，通过对 9,10-二苯基蒽进行结构改性和修饰等手段（图 3.6），已经成功地实现了其电化学发光效率和灵敏度的显著提升。同时，在材料合成、表征技术以及理论计算等方面也取得了许多突破性进展。例如，Kobayashi 课题组[27] 以碳酸丙烯酯和甲苯（体积比 1∶1）为溶剂，观察到了 9,10-二苯基蒽（DPA）分子湮灭型蓝光电化学发光现象。使用这种混合溶剂极大地提高了 DPA 阳离子和阴离子的稳定性，从而提高了基于 DPA 分子的电化学发光器件的发光强度和发光寿命。

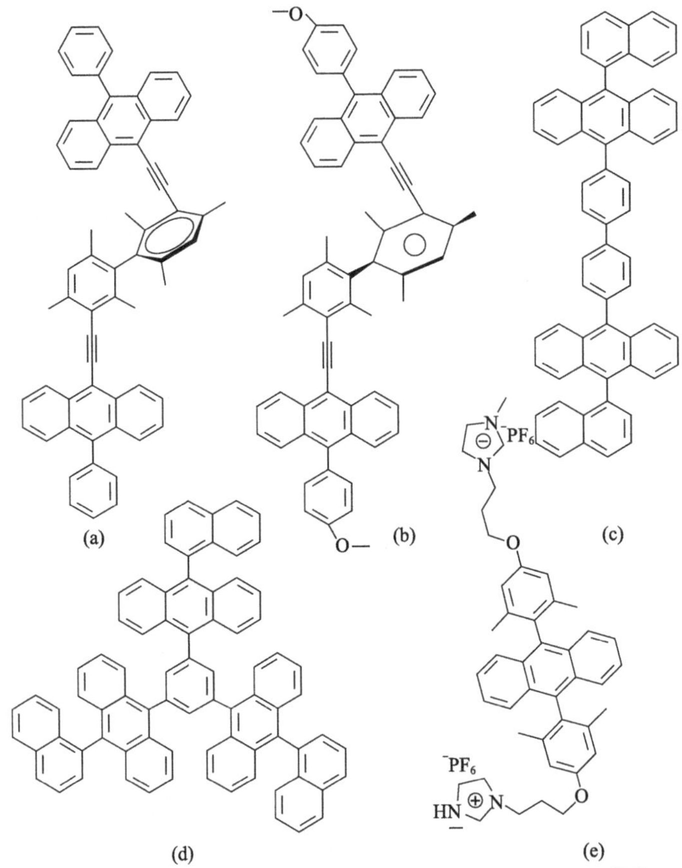

图 3.6　9,10-二苯基蒽衍生物电化学发光团结构示意图[14]

　　R. Mark Wightman 课题组[28] 采用铂基双带微电极研究了不同溶剂和不同离子强度对 9，10-二苯基蒽湮灭型电化学发光效率的影响。结果表明：对于不同的溶剂环境，DPA 的氧化还原半波峰电位之差以及扩散系数会有所不同，其电化学发光效率会随半波电位之差的增大而升高。对于不同的离子强度，其电化学发光效率会随电解质浓度的减小而升高，这是由于电解质浓度对自由基中间体之间的结合和解离常数有着重要影响，进而影响到最终生成激发态物质的过程。此外，作者从电荷转移速率的角度给出了绝对电化学发光效率的测定公式，并结合马库斯理论、双电层模型等对不同溶剂环境下电化学发光效率变化进行详细阐述，在一定程度上揭示了 DPA 湮灭型电化学发光的完整电化学发光机理。由于此模型在定量表示电化学发光效率方面还存在一定误差，后续研究可以此为基础，建立一种更为合理的电化学发光效率的测定和表示方法。

3.7　芴衍生物

芴衍生物（图 3.7）具有优异的热稳定性和化学稳定性、高荧光量子产率和良好的电致发光性能，已被广泛应用于有机/聚合物发光二极管（OLED/PLEDs）领域。与 OLED 类似，电化学发光也是由电信号激发的。因此，芴衍生物优异的电化学发光信号越来越受到人们的关注。

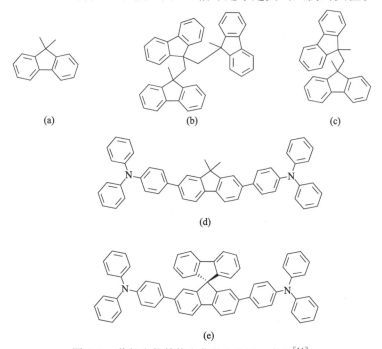

图 3.7　芴衍生物结构电化学发光团示意图[14]

根据结构组成的特点，芴衍生物主要分为两种类型。第一种是由两个或多个芴单元组成的芴低聚物。Bard 小组[29] 合成了一系列芴低聚物［如图 3.7（a），（b），（c）］，并对这些芴低聚物的电化学和电化学发光性质进行了详尽的研究。由于芴单元之间的范德华相互作用促进了这些结构中的电子离域，所有化合物都发生了多重相互作用的单电子转移氧化反应。此外，随着低聚物中芴结构单元数的增加，芴低聚物更容易被还原，自由基阳离子也更稳定。这些化合物在乙腈/苯（1∶1，体积分数，下同）溶液中没有通过湮灭方式观察到明显的电化学发光信号，而其中一些化合物在以 $C_2O_4^{2-}$ 为共反应物的乙腈/苯（1∶1）溶液中有长波电化学发光信号。另一类芴衍生物是通过 C-9 的位置和螺环化对芴分子进行不同取代基的修饰。这些取代基显著影响了芴衍生物的电化学发光性质。例如，Polo 团队报道了以三苯胺为取代基的三种芴和螺双芴基化合物［如图 3.7（d）和（e）］，并研究了这些化合物的光致发光光谱、电化学性能和电化学发光行为[30]。这些化合物在溶液中通过湮灭过程表现出高的光致发光量子产率和强的绿蓝色电化学发光。例如，Silvio Quici 课题组[31] 报道了以三苯胺为取代基的高效电化学发光螺芴和芴基分子的电化学和光物理行为。在溶液中，所有化合物在光激发下均表现出高量子产率的蓝色光和绿蓝色区域的电化学发光，其效率高于标准的 9,10-二苯基蒽电化学发光体系。从光物理和电化学的角度仔细分析了最有效的发光分子，以了解电化学发光光谱中出现条带的原因。与离子湮灭途径相比，使用过氧化二苯甲酰（BPO）为共反应物可以使上述分子中产生了更强的电化学发光信号。然而，与文献中报道的许多其他芴基化合物的发光结果不同，在 BPO 共反应物存在下，电化学发光光谱的形状并没有发生变化。我们可以假设电化学发光发射由两个组成部分产生，即由 Sroute 获得的单线态激发态和由阳极和阴极扫描之间的扫描电位形成的副产物。总之，上述分子证明了为电化学发光应用设计高蓝光发射体系的可能性。

3.8 1,1,2,2-四苯基乙烯衍生物

2006 年 Tang 等[32] 首次描述 1,1,2,2-四苯基乙烯（TPE）的聚集诱导光物理性质，作为一种具有聚集诱导发射的结构单元，由于其高荧光量子产率和易于合成的特征，研究者们采用不同的取代物修饰 TPE 结构［如图 3.8（a）］，以改善其光物理性质或实现基于聚集诱导发光（AIE）机制的传感应用。近年来，TPE 也在电化学发光的各个领域中得到了应用。TPE 衍生物（图 3.8）自发聚集成聚合物量子点，从而表现出聚集诱导的电化学发光行为。研究表明，这些取代基对电化学发光性能有显著的影响。Ju 等通过使用硼-二吡咯甲基和芴/咔唑分别作为受体单元和供体

单元，制备得到了含有 TPE 结构的聚合物量子点，与单独的 TPE 相比，其电化学发光从 578nm 红移至 598nm，这是由于该化合物中有更强的给电子咔唑基团。同时，该化合物的电化学发光阳极电位降低，使得其易于被还原而电化学发光强度增加。同样，Lu 等[33] 构建了另一个基于 TPE 衍生物的卟啉电化学发光体系 [如图 3.8 (d)]，其中卟啉单元通过与 TPE 偶联得到功能化卟啉分子 ATPP-TPE。该分子可以有效消除卟啉分子由于聚集而产生的发光猝灭效应，并表现出比单个卟啉分子更强的电化学发光信号。此外，电化学和 DFT 计算证实，发光团中的 TPE 单元有利于电子转移，这使得使用 $K_2S_2O_8$ 作为共反应物时，ATPP-TPE 分子的电化学发光效率提高了 6 倍。该工作大大提高了 TPE 衍生物作为电化学发光团在生物传感器中的应用。

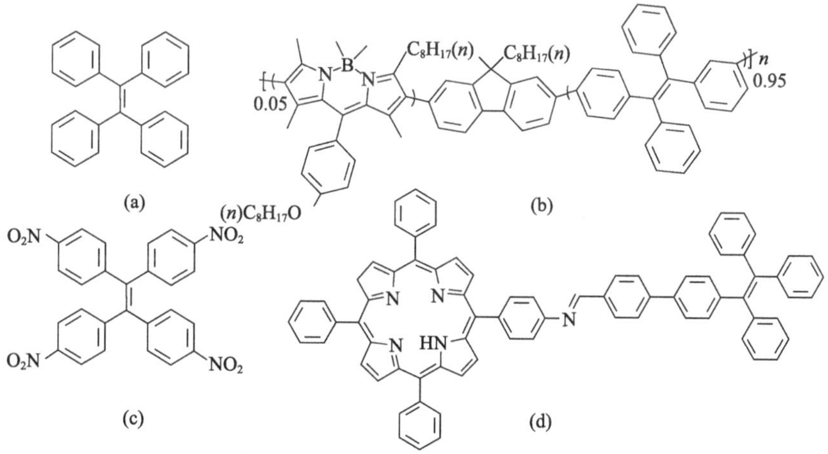

图 3.8 1,1,2,2-四苯基乙烯及其衍生物电化学发光团结构示意图[14]

Li 还合成了一种具有聚集诱导发光[34] （AIE）效应的季铵盐官能化的四苯基乙烯分子（QAU），并将该分子固定于氧化铟锡电极（ITO）表面，实现了水溶液中的固相电化学发光。随后，将二茂铁（Fc）标记的 DNA 通过静电相互作用组装至 QAU/ITO 电极表面（Fc-DNA/QAU/ITO）并用于博来霉素（BLM）的高灵敏检测。由于 Fc 对 QAU 的电化学发光具有猝灭作用，而博来霉素可选择性地剪切 DNA 的特定位点从而释放 Fc 并恢复电化学发光信号，因此 Fc-DNA/QAU/ITO 的电化学发光随博来霉素浓度的升高而增强，检测限低至 4.64fmol/L。该研究实现了疏水性电化学发光分子在水相生化分析领域的应用。此外，聚集诱导发光现象在电化学发光领域的成功应用也为电化学发光生物传感器的设计提供了新思路。

3.9 卟啉衍生物

卟啉衍生物（图 3.9）由于在可见光区具有强而宽的吸收，并且其电子结构易于调控，因此在染料敏化太阳能电池和光合作用中常作为光敏剂，在有机电化学发光器件和细胞成像中作为发光探针而引起了人们的极大兴趣。

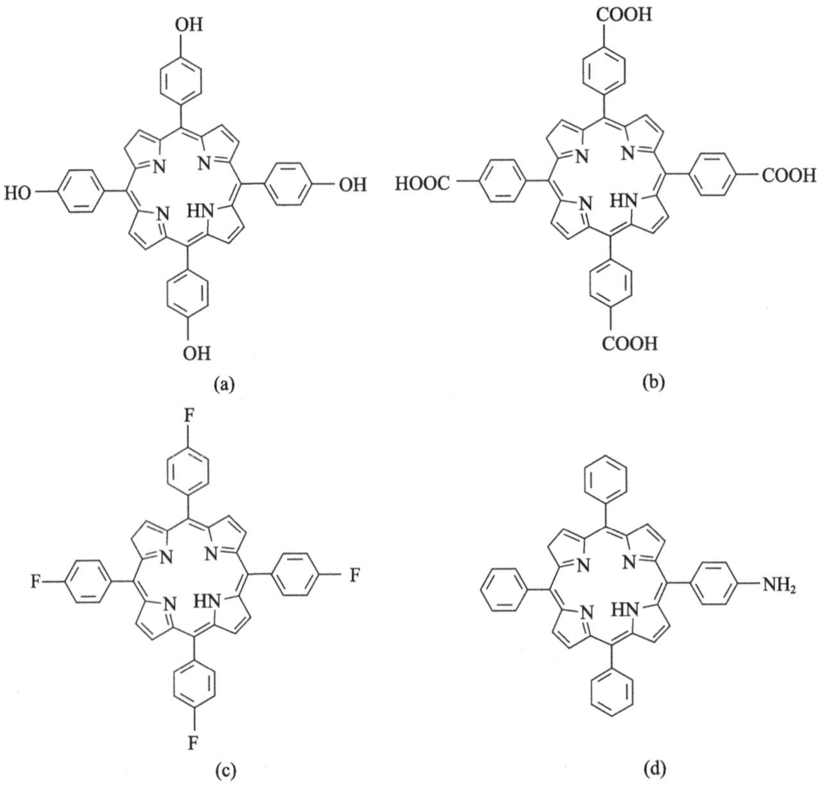

图 3.9 卟啉及其衍生物电化学发光体结构示意图[14]

卟啉的电化学发光性能是由 Bard 等人提出的[35]。他们研究了 α，β，γ，δ-四苯基卟啉在有机溶液中的湮灭型电化学发光行为。此后，他们对卟啉的电化学发光进行了详细研究。例如，受自然光采集系统中共振能量转移的启发，Shan 课题组[36] 提出了一种基于电化学发光共振能量转移（ECL-RET）的新型电化学发光放大系统，该体系将苯并咪唑（BIM）和四(4-羧基苯基)卟啉锌（ZnTCPP）发光体集成到一个框架中。利用 ZIF-9 提供的能量和 BIM 的弱碱性，通常需要高温才能破坏氢键的 ZnTCPP 可以在室温下被引入框架。在配体交换过程中，具有四个羧基的 ZnTCPP 可以诱导弱酸性环境破坏 ZIF-9 的 Zn—N 键。随后，脱质子化的 ZnTCPP 与 Co(Ⅱ) 配位，而解离的 BIM 与 Co 的不饱和位点配位。通过精确控制 ZIF-9 和 ZnTCPP 的比例，多个 BIM 将在构建的 ZIF-9-ZnTCPP 中围绕 ZnTCPP，以实现电化学发光共振能量的高效率转化。基于 ECL-RET 系统，当 ZIF-9-ZnTCPP 系统中 ZnTCPP 的含量仅为 9.71％时，就可以获得稳定的强电化学发光信号。这项工作为设计高效的 ECL RET 系统提供了一种方便的方法。一般来说，在电化学发光体系加入共反应物可以大大提高发光效率。然而，溶液中的分子扩散影响了共反应物和发光体之间电子转移的效率，限制了电化学发光性能的提升。因此，将共反应物和发光体一体化可以作为一种有效的电化学发光信号放大策略，以提高活性中间体的生成和碰撞效率。二维（2D）金属有机框架（MOFs）由于具有金属和配体的可调性、大的比表面积和丰富的开放金属位点，已成为增强型电化学发光体的有力竞争者。在已报道的体系中，卟啉基 2D MOFs 被认为是增强电化学发光性能的理想候选者，因为：①具有大共轭环的卟啉本身是一种发光体；②配位基团修饰的卟啉环可以作为构建 2D MOFs 的合适配体；③卟啉环中心和 MOFs 中的金属离子可以构建同核或异核的双金属 2D 材料；④2D MOFs 中丰富的开放金属位点可用于精细调节电化学发光性能而不影响层状结构。针对这一难题，Shan、Zhang 团队和 Zhu 合作构建了一种新的卟啉基异核双金属 2D MOFs 材料[37] [(ZnTCPP)Co$_2$(MeIm)]，其中 MOFs 含有 MeIm 轴向配位的电活性 [Co$_2$(CO$_2$)$_4$] 单元和光敏剂 ZnTCPP。通过合理调控 MeIm 的量，可以在改善 Co（Ⅱ）和氧气之间电子转移的同时保留氧气吸附位点，有利于 O$_2$$^{\cdot-}$ 的生成。此外，轴向配位的 MeIm 还可以在不改变主体结构的情况下，将 2D MOFs 调整到合适的层间距，以帮助 O$_2$ 进入和 ZnTCPP 的曝光。充分暴露的光敏剂 ZnTCPP 和电活性 [Co$_2$(CO$_2$)$_4$] 单元通过电子转移高效生成 O$_2$$^{\cdot-}$，协同增强了 MOF 的电化学发光性能。基于 MOF 优异的电化学发光性能，将其开发为检测 SARS-CoV-2RdRp 基因的非扩增型电化学发光生物传感器，这对疫情初期快速筛查 SARS-CoV-2 以防止其进一步传播具有重要的意义。

3.10 芘衍生物

芘是多环芳烃的一种结构，在分子激发态下具有高荧光强度。然而，不稳定的阳离子自由基严重抑制了芘的电化学发光效率，而其衍生物（图3.10）能够解决这一难题。为了提高阳离子自由基的稳定性，Kim团队[38]合成了一系列炔基芘衍生物［如图3.10（c），（d）］。有趣的是，炔基芘衍生物的电化学发光效率随着给体数量的增加而增强。结果表明，电化学发光效率高与氧化还原过程中阳离子和阴离子自由基的高稳定性有关。除了这些修饰的芘衍生物外，Sojic课题组还报道了另外两种基于双芘的手性电化学发光团[39]。这些发光团包含一个约束聚醚环和两个刚性位置的芳香亚基，并表现出电化学发光的圆偏振性质。利用自制的荧光偏振仪记录了这些化合物的圆偏振电化学发光信号，并分析了电化学发光不对称因子的来源。该电化学发光体系（CP-ECL）可用于手性化合物的分析或手性环境下的分析，且无需激发光。

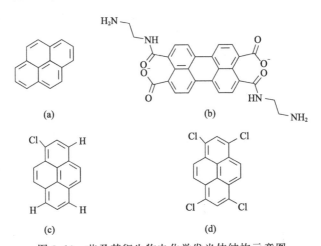

图 3.10　芘及其衍生物电化学发光体结构示意图

Xiao等提出了可选择具有聚集诱导发光特性的有机发光体通过氢键相互作用自组装构建高性能HOF（氢键有机框架材料）基电化学发光材料的研究策略[40]。该策略既能提高电化学发光体的固载量，又能降低ACQ效应，因而所制备的基于1,3,6,8-四(4-羧基苯)芘（H_4TBAPy，研究发现具有AIEE特性）的芘基HOF（Py-HOF）表现出优异的电化学发光性能。此外，为了研究孔隙率与多孔材料电化学发光强度之间的关系，研究者将合成的 Py-HOF 分别在 210℃和 180℃加热 6 小时制备得到 Py-HOF-210℃和 Py-HOF-180℃（孔隙率：Py-HOF＞Py-HOF-180℃＞Py-HOF-210℃）。令人满意的是，Py-HOF 的电化学发光强度分别是 Py-HOF-210℃和 Py-HOF-180℃的 3.21 倍和 2.10 倍，表明高孔隙率有利于共反应试剂 $S_2O_8^{2-}$ 在孔道中富集，并促进了离子、电子和共反应试剂 $S_2O_8^{2-}$ 在孔道中的扩散传输，使得更多 H_4TBAPy 发光体能够被电化学激发，从而实现了更高强度的电化学发光。同时，由于 Py-HOF 具有良好的水稳定性，Py-HOF 在水中浸泡 20 天后仍拥有稳定和超强的电化学发光信号。基于 Py-HOF 优异的电化学发光性能，研究者将其作为电化学发光信号探针，并结合 3D DNA 纳米机器信号放大策略，构建了灵敏度高、稳定性好的电化学发光生物传感器，成功实现了对 miRNA-141 的高灵敏检测（线性范围 100amol/L～1nmol/L，检测限 14.4amol/L）。该工作不仅为设计合成高性能 HOF 基电化学发光材料提供了可行的策略，而且拓展了 HOF 在生物传感领域中的应用，为开发新型电化学发光材料开辟了新视野。

3.11 展望

综上所述，目前我们常见的电化学发光体有鲁米诺、噻咯、噻吩、卟啉及其衍生物等，常见的共反应剂有过氧化氢、过硫酸钾、三丙胺、过氧化苯甲酰等，而研究新型电化学发光体和共反应剂是电化学发光领域新的挑战。近年来，有机杂环化合物因具有种类较多、原料相对便宜、可以通过化学合成和改性进行无限调整、高活性、与生物有较高的相容性等优点而在电化学发光领域得到了广泛研究。

虽然，新型的有机小分子发光材料在电化学发光领域已经取得了良好的发展前景，但还是存在一些不可避免的问题，比如所报道的有机发光材料多为多环芳烃以及多环芳烃的衍生物。它们的发光多半属于湮灭型机制，而传统的湮灭反应存在于有机溶液中，这就使得我们在生物检测、生物相容性、环境检测方面有了很大的困难，同时会对生物体以及环境造成一系列的污染。而且大多数的有机电化学发光团缺乏有效的官能团，比如常见的利用偶联反应所产生的氨基官能团，会限制其对目标分子的有效响应。因此在此提出来更多的可能性使得其有机发光分子在电化学发光中有良好的性能。

第一，提高分子的水溶性。在水溶性的分子结构中含有大量的亲水基团。亲水基团通常可分为三类：阳离子基团，如叔氨基、季氨基等；阴离子基团，如羧酸基、磺酸基、磷酸基、硫酸基等；极性非离子基团，如氰基、醚基、氨基、酰氨基等。这些基团不但使得有机分子有亲水性，而且还带来很多宝贵的性能，如黏合性、成膜性、润滑性、分散性、减磨性等。由于这些分子在生物中的应用大多发生在水相中，因此发光团的水溶性对生物应用的性能有重要影响。因此改善水溶性的一般方法是将这些亲水基团（如聚乙二醇、磺酸和羧基）通过化学反应整合到发光团当中，来提高它们的水溶性。

第二，引入特定的官能团，大多数有机电化学发光分子无法像特异性酶一样具有反应专一性，是因为其有机分子没有特定的官能团，其官能团（—OH、—CHO、—COOH、—NO$_2$、—SO$_3$H、—NH$_2$、RCO—）就决定了有机物中的卤代烃、醇或酚、醛、羧酸、硝基化合物或亚硝酸酯、磺酸类有机物、胺类、酰胺类的化学性质。在发光基团上引入特定的官能团，而且可以稳定地修饰在电极材料上，有可能直接响应被分析物，从而反映出一对一的特异性功能。

第三，设计和合成具有刚性分子结构或聚集诱导发光分子的有机电化学发光团是一个重要的研究领域。在有机小分子发光体中，由于其分子内部的旋转会引起辐射弛豫，因此需要通过增强或猝灭来提高其发光效率。而这种增强或猝灭现象并非仅仅与表面聚集态类型相关，更主要地取决于分子的结构刚性。当我们将有机小分子限制在聚集体态时，即使是相同的发光物质，在不同的聚集体类型下也会呈现出不同的光物理性能。这意味着通过设计和合成具有特定刚性分子结构的有机小分子，可以控制其内部旋转行为，并进一步提高电化学发光效率。值得注意的是，在实际应用中，选择适当的聚集体类型对于优化电化学发光效果至关重要。各种不同形式和大小、排列方式各异、相互作用力复杂多样等特点为调控电化学发光性能提供了有力的途径。因此，在设计和合成过程中需要考虑到这些因素，并根据目标需求进行精确调控，则可以获得更加理想且稳定性可靠的电化学发光团。总之，通过对具有刚性分子结构或聚集诱导发光特征的有机小分子进行精心设计和合成，并选择适宜条件形成特定类型聚集体状态，可以有效地控制其内部旋转行为以提高其电化学发光效率。这将为开展基于有机小分子材料的电化学发光技术提供新思路和方法，并推动该领域在生物传感、显示器件等方面应用上取得更大突破。

第四，设计和开发新的发光团。新型电化学发光团的开发可采取两种方法。第一种方法是在现有发光团的基础上开发新的发光团。一些电化学发光效率高的发光团，如鲁米诺，具有许多可修饰的位点，改变共轭长度可以调节电化学发光的颜色。最近报道了一种通用的接枝策略，通过将荧光染料接枝到电化学发光团上来点亮电化学发光非活性染料。由于染料数量庞大且传感机制多样，该策略将解决电化学发光体的稀缺性。另一种方法是对新结构或新共反应物进行研究和开发，在这方面存在着更大挑战性。通过探索不同分子结构、化学键合方式以及反应条件等因素对电化学荧光产生的影响，并寻找适合作为共反应物或催化剂使用的分子组合，在提高其效率和稳定性方面取得突破。此外，在设计和开发新型电化学发光团时还需要考虑其在实际应用中可能遇到的问题与挑战。例如，在材料选择方面要考虑其耐久性、抗氧化能力以及成本效益等因素；在工艺优化方面要注重提高合成过程中产率与纯度，并确保产品质量符合相关标准；同时还需关注环境友好型材料与技术研究，以减少对环境造成的潜在危害。总之，通过以上两种方法并结合相关技术手段设计和开放新型电化学发光团将会为电化学发光领域带来更加丰富多样、高效稳定且具备前所未有功能特点的创新分子，并推动该领域向更广泛范畴拓展应用。

第五，拓展新的应用领域。有机电化学发光团的应用主要集中在传感和成像领域。由于有机电化学发光团具有结构明确、可编程、可调谐以及在发射过程中产生自由基等优点，因此电化学发光团的应用在未来可扩展到手性区分（分辨）、癌症治疗等领域。除了传感和成像领域外，有机电化学发光团还具备广泛的潜力。首先，在手性识别方面，利用其结构明确且可调的特点，可以实现对化学物质或生物体内部不同立体异构体进行准确识别与鉴定。这将为药物研究与开发提供重要支撑，并促进医学诊断技术的进一步突破。其次，在癌症治疗方面，有机电化学发光团可以通过特定配位作用或靶向修饰实现对肿瘤细胞的选择性捕获和杀伤。这种高度精准而低毒副作用的治疗方式将为癌症患者带来更好的治愈效果，并极大地改善他们的生活质量。此外，在能源存储与转换、环境监测与污染防控等领域也存在着有机电化学发光体系应用拓展的空间。例如，在太阳能电池中引入该类材料作为高效吸收器件，可以提升太阳能转化效率；同时，在环境监测中使用它们作为灵敏探针，则能快速检测出水质或空气中存在的污染物，并采取相应措施进行防范与处理。总之，有机电化学发光团不仅在传感和成像领域表现了巨大潜力，还具备广泛适用于手性识别、癌症治疗以及其他相关领域的优势。随着科学技术的不断进步，我们相信这些前沿技术必将迎来更多令人期待并且意义深远的突破。

总体而言，在当前电化学发光研究领域中，基于有机小分子的新型电化学发光团和传感策略的开发引起了人们的极大关注，并且与电化学技术相结合在单细胞检测和异质性分析方面显示了巨大的应用潜力。未来将会看到更多创新成果涌现，并推动相关领域取得更大突破。

参考文献

[1] Liu S, Lin S, You P, et al. Black phosphorus quantum dots used for boosting light harvesting in organic photovoltaics[J]. Angewandte Chemie International Edition, 2017, 56(44): 13717-13721.

[2] Wei X, Zhu M J, Yan H, et al. Recent advances in aggregation-induced electrochemiluminescence [J]. Chemistry-A European Journal, 2019, 25 (55): 12671-12683.

[3] Haghighatbin M A, Laird S E, Hogan C F. Electrochemiluminescence of cyclometalated iridium (Ⅲ) complexes[J]. Current Opinion in Electrochemistry, 2018, 7: 216-223.

[4] Zhong X, Li X, Zhuo Y, et al. Synthesizing anode electrochemiluminescent self-catalyzed carbon dots-based nanocomposites and its application in sensitive electrochemiluminescence biosensor for microRNA detection[J]. Sensors and Actuators B: Chemical, 2020, 305: 127490.

[5] Rizzo F, Polo F, Bottaro G, et al. From blue to green: fine-tuning of photoluminescence and electrochemiluminescence in bifunctional organic dyes[J]. Journal of the American Chemical Society, 2017, 139(5): 2060-2069.

[6] Zhang B, Kong Y, Liu H, et al. Aggregation-induced delayed fluorescence luminogens: the innovation of purely organic emitters for aqueous electrochemiluminescence[J]. Chemical Science, 2021, 12(40): 13283-13291.

[7] Ma C, Cao Y, Gou X, et al. Recent progress in electrochemiluminescence sensing and imaging[J]. Analytical Chemistry, 2019, 92(1): 431-454.

[8] Haghighi B, Bozorgzadeh S, Gorton L. Fabrication of a novel electrochemilumines-cence glucose biosensor using Au nanoparticles decorated multiwalled carbon nano-tubes[J]. Sensors and Actuators B: Chemical, 2011, 155(2): 577-583.

[9] Tamiya E, Inoue Y, Saito M. Luminol-based electrochemiluminescent biosensors for highly sensitive medical diagnosis and rapid antioxidant detection[J]. Japanese Journal of Applied Physics, 2018, 57(3S2): 03EA05.

[10] Mayer M, Takegami S, Neumeier M, et al. Electrochemiluminescence bioassays with a water-soluble luminol derivative can outperform fluorescence assays[J]. Angewandte Chemie International Edition, 2018, 57(2): 408-411.

[11] Jiao T, Leca-Bouvier B D, Boullanger P, et al. Electrochemiluminescent detection of hydrogen peroxide using amphiphilic luminol derivatives in solution[J]. Colloids and Surfaces A: Physicochemical and Engineering Aspects, 2008, 321(1-3): 143-146.

[12] Xu Z, Guo Z, Zheng X. An electrocatalysis and self-enrichment strategy for signal amplification of luminol electrochemiluminescence systems[J]. Analytical Chemis-try, 2022, 94(38): 13181-13188.

[13] Xia H, Zheng X, Li J, et al. Identifying luminol electrochemiluminescence at the cathode via single-atom catalysts tuned oxygen reduction reaction[J]. Journal of the American Chemical Society, 2022, 144(17): 7741-7749.

[14] Wu K, Zheng Y, Chen R, et al. Advances in electrochemiluminescence lumino-phores based on small organic molecules for biosensing[J]. Biosensors and Bio-electronics, 2022: 115031.

[15] Sartin M M, Boydston A J, Pagenkopf B L, et al. Electrochemistry, spectrosco-py, and electrogenerated chemiluminescence of silole-based chromophores[J]. Journal of the American Chemical Society, 2006, 128(31): 10163-10170.

[16] Guo J, Feng W, Du P, et al. Aggregation-induced electrochemiluminescence of tetraphenylbenzosilole derivatives in an aqueous phase system for ultrasensitive de-tection of hexavalent chromium [J]. Analytical Chemistry, 2020, 92 (21): 14838-14845.

[17] Han Z, Yang Z, Sun H, et al. Electrochemiluminescence platforms based on small water-insoluble organic molecules for ultrasensitive aqueous-phase detection [J]. Angewandte Chemie International Edition, 2019, 58(18): 5915-5919.

[18] Shen M, Zhu X H, Bard A J. Electrogenerated chemiluminescence of solutions, films, and nanoparticles of dithienylbenzothiadiazole-based donor-acceptor-donor red fluorophore. Fluorescence quenching study of organic nanoparticles[J]. Jour-nal of the American Chemical Society, 2013, 135(24): 8868-8873.

[19] Price J T, Li M S M, Brazeau A L, et al. Structural insight into electrogenerated chemiluminescence of para-substituted aryltriazolethienyl compounds [J]. The Journal of Physical Chemistry C, 2016, 120(38): 21778-21789.

[20] Nepomnyashchii A B, Pistner A J, Bard A J, et al. Synthesis, photophysics, electrochemistry and electrogenerated chemiluminescence of PEG-modified BODIPY dyes in organic and aqueous solutions[J]. The Journal of Physical Chemistry C, 2013, 117(11): 5599-5609.

[21] Hesari M, Lu J, Wang S, et al. Efficient electrochemiluminescence of a boron-dipyrromethene (BODIPY) dye[J]. Chemical Communications, 2015, 51(6): 1081-1084.

[22] Qi H, Zhang C, Huang Z, et al. Electrochemistry and electrogenerated chemiluminescence of 1, 3, 5-tri (anthracen-10-yl)-benzene-centered starburst oligofluorenes[J]. Journal of the American Chemical Society, 2016, 138(6): 1947-1954.

[23] Wei X, Zhu M J, Cheng Z, et al. Aggregation-induced electrochemiluminescence of carboranyl carbazoles in aqueous media[J]. Angewandte Chemie, 2019, 131 (10): 3194-3198.

[24] Han Q, Wang N, Wang M, et al. Donor-acceptor based enhanced electrochemiluminescence of coumarin microcrystals: Mechanism study and sensing application [J]. Sensors and Actuators B: Chemical, 2023, 393: 134296.

[25] Helin M, Jiang Q, Ketamo H, et al. Electrochemiluminescence of coumarin derivatives induced by injection of hot electrons into aqueous electrolyte solution[J]. Electrochimica Acta, 2005, 51(4): 725-730.

[26] Liu H, Wang L, Gao H, et al. Aggregation-induced enhanced electrochemiluminescence from organic nanoparticles of donor-acceptor based coumarin derivatives [J]. ACS Applied Materials & Interfaces, 2017, 9(51): 44324-44331.

[27] Maness K M, Bartelt J E, Wightman R M. Effects of solvent and ionic strength on the electroch-emiluminesc-ence of 9,10-diphenylanthracene[J]. The Journal of Physical Chemistry, 1994, 98(15): 3993-3998.

[28] Fahmg H M, Kardel H M, Al-Shamiri H A S, et al. Spectrosopic study of solvent polarity on the opitical and photo-physical properties of norel 9,10-bis(coumaringl) anthracene[J]. Journal of fluorescence, 2018, 28: 1421-1430.

[29] Qi H, Chang J, Abdelwahed S H, et al. Electrochemistry and electrogenerated chemiluminescence of π-stacked poly (fluorenemethylene) oligomers. Multiple, interacting electron transfers [J]. Journal of the American Chemical Society, 2012, 134(39): 16265-16274.

[30] Rizzo F, Polo F, Bottaro G, et al. From blue to green: Fine-tuning of photolumi-nescence and electrochemiluminescence in bifunctional organic dyes[J]. Journal of the American Chemical Society, 2017, 139(5): 2060-2069.

[31] Polo F, Rizzo F, Veiga-Gutierrez M, et al. Efficient greenish blue electrochemilu-minescence from fluorene and spirobifluorene derivatives[J]. Journal of the Amer-ican Chemical Society, 2012, 134(37): 15402-15409.

[32] Hong Y, Lam J W Y, Tang B Z. Aggregation-induced emission: Phenomenon, mechanism and applications [J]. Chemical Communications, 2009 (29): 4332-4353.

[33] Zhang Y, Zhao Y, Han Z, et al. Switching the photoluminescence and electro-chemiluminescence of liposoluble porphyrin in aqueous phase by molecular regula-tion[J]. Angewandte Chemie International Edition, 2020, 59(51): 23261-23267.

[34] Lv W, Yang Q, Li Q, et al. Quaternary ammonium salt-functionalized tetraphe-nylethene derivative boosts electrochemiluminescence for highly sensitive aqueous-phase biosensing[J]. Analytical Chemistry, 2020, 92(17): 11747-11754.

[35] Tokel N E, Keszthelyi C P, Bard A J. Electrogenerated chemiluminescence. X. $\alpha, \beta, \gamma, \delta$-tetraphenylporphine chemiluminescence [J]. Journal of the American Chemical Society, 1972, 94(14): 4872-4877.

[36] Li Y X, Li J, Zeng H B, et al. Artificial light-harvesting system based on zinc porphyrin and benzimidazole: Construction, resonance energy transfer, and ampli-fication strategy for electrochemiluminescence[J]. Analytical Chemistry, 2023, 95 (6): 3493-3498.

[37] Li Y X, Li J, Zhu D, et al. 2D Zn-porphyrin-based Co (Ⅱ)-MOF with 2-methy-limidazole sitting axially on the paddle-wheel units: An efficient electrochemilumi-nescence bioassay for SARS-CoV-2[J]. Advanced Functional Materials, 2022, 32 (48): 2209743.

[38] Oh J W, Lee Y O, Kim T H, et al. Enhancement of electrogenerated chemilumi-nescence and radical stability by peripheral multidonors on alkynylpyrene deriva-tives[J]. Angewandte Chemie International Edition, 2009, 48(14): 2522-2524.

[39] Zinna F, Voci S, Arrico L, et al. Circularly-polarized electrochemiluminescence from a chiral bispyrene organic macrocycle[J]. Angewandte Chemie International Edition, 2019, 58(21): 6952-6956.

[40] Lu M L, Huang W, Gao S, et al. Pyrene-based hydrogen-bonded organic frame-works as new emitters with porosity-and aggregation-induced enhanced electro-chemiluminescence for ultrasensitive microRNA assay[J]. Analytical Chemistry, 2022, 94(45): 15832-15838.

第 **4** 章
聚集诱导电化学发光

　　2017 年，聚集诱导电化学发光（AIECL）的发现为电化学发光开辟了新的研究路径，也为化学、生物和环境传感等领域的应用寻求了新颖的、更有效的研究策略和方法。大量的电化学发光团在水介质中呈现出聚集诱导发光的特性，使得 AIECL 成为未来生物诊疗研究的潜力强大的工具。在这一发现之后，许多科学家在这一领域进行了大量富有成效的研究，这些成果有助于理解 AIECL 的过程并开发新的电化学发光传感平台。因此我们对这些进展进行了探讨，并对基于 AIECL 传感未来的发展方向进行了展望。

4.1　聚集诱导电化学发光概述

4.1.1　聚集诱导发光

　　有机发光材料具有结构丰富、功能易调节、成本低、灵活性好等优点，已经被广泛应用于生物检测、化学传感和光电器件等各个领域，已经成为国内外研究的热点之一。然而，在传统有机发光材料中往往会存在聚集诱导猝灭（ACQ）效应，这主要是由于其分子间的 π-π 堆积，导致激发态的能量被消耗，造成其在固态或聚集态下发光减弱或者不发光，这种现象严重阻碍了它们在聚集或固体条件下的光电性能和实际应用。2001 年，香港科技大学唐本忠教授课题组[1] 偶然发现了多苯基取代硅杂环戊二烯（噻咯，silole）衍生物聚集时发光增强的现象，提出了具有里程碑意义的聚集诱导发光（aggregation-induced emission，AIE）现象。聚集诱导发光作为一种新型的发光现象，在材料科学和生物技术领域显示出了广阔的应用前景，引起了研究者们的广泛关注。具有 AIE 特性的发光团在溶液状态下是弱发光或不发光的，但在聚集状态下可以强烈发光，这与许多具有平面和良好共轭结构的传统发光团所观察的聚集引起的猝灭有很大不同。其后，唐本忠课题组[2] 又在大量实验和理论研究的基础上，提出了分子内运动受限（RIM）的 AIE 工作机制。由此，AIE 现象的发现为解决 ACQ 问题提供了一种可行的方法，并为设计高效固态光源、生物探针、化学传感器和"智能"材料开辟了一条新的道路。基于此，许多研究小组开始寻找新的聚集诱导发光物质，并探索其实际用途[3]。经过 20 多年的发展，AIE 材料已经取得了很大的发展，AIE 材料种类呈现持续增长。从纯碳氢化合物到含杂原子化合物，从小分子到大分子，从有机到无机或金属有机化合物，从单组分到有机共晶，使得 AIE 分子（AIEgens）的家族不断壮大。总体来看，有机小分子体系依然为 AIE 研究的主要对象，其具有结构明确，化学、电学和光物理等性质相对简单，这为其结构与性质关系的分析以及机理的探究提供了有力的支持。为了克服芳香结构之间强烈的 π-π 堆积作用，以多环芳烃为基础开发出一系列有机聚集诱导发光小分子，例如四苯基乙烯（tetraphenylethylene, TPE）是一个典型的烃类 AIE 分子，往往作为骨架用于构筑 AIE 化合物，进而应用于各种领域。这些有机聚集诱导发光小分子在有机发光二极管（OLED）、太阳能转换、生物成像、疾病治疗和纳米发光器件等领域得到了广泛应用。同时，随着 AIE 理论体系的建立和不断完善、AIE 材料的开发和拓展均取得了创新性研究成果，唐本忠等人提出了分子聚集发光的新理论，实现了 AIE 材料在能源、环境和健康等领域的应用。AIE 已经成为化学和材料等领域的一个重要研究方向。AIE 作为研究聚集体科学的通用平台，不断与材料、生物、能源、环境等其他研究领域相结合，为这些领域注入新的活力。

4.1.2　聚集诱导电化学发光简介

电化学发光是一种利用施加的电压在电极附近产生活性物质，然后进行电子转移，从而形成发光激发态，接着回到基态而产生发光现象[4]。虽然这一现象在 20 世纪初就有报道[5]，但最早被认可的研究是由 Hercules[6]、Visco 和 Chandross[7] 以及 Santhanam 和 Bard[8] 等人在 20 世纪 60 年代进行的，近几十年来，对电化学发光过程和应用的研究十分迅速。在电化学发光中，光发射主要通过两种机制获得（图 4.1）。如果反应发生在发光团的氧化和还原之间，二者在工作电极上依次产生，则该机制被定义为湮灭型电化学发光。相反，如果反应涉及共反应物的使用，这些物在氧化/还原后会分解成能够与发光团反应的高能量物质，从而产生激发态，这种电化学发光机制为共反应型。与所有物都被不可逆消耗的化学发光系统不同，在电化学发光中，每个循环后发光体系都会再生。因此，体系可以产生大量的光子。与其他分析技术相比，这样的信号产生机制，再加上电化学产生的反应物质所带来的巨大的时空控制效果是电化学发光的优势所在。此外，因为不需要光来激发，该技术也没有背景噪声，导致了其极高的信噪比和选择性。因此，电化学发光作为一种临床诊断技术被广泛应用，甚至成为世界各地医院的标准诊疗手段[9]。此外，它的应用不仅限于生物医学领域，而且还用于食品、水的分析[10] 以及爆炸物检测[11]。

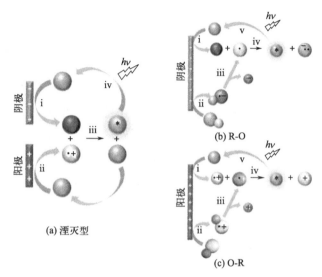

图 4.1　电化学发光机理

（a）湮灭型：首先发生发光团的还原（i）和氧化（ii）反应；然后，氧化和还原的发光团自由基（iii）之间发生湮灭反应，产生电子激发形式的发光团，发光团在发光（iv）时松弛到基态。（b）共反应物还原氧化（R-O）：发光团（i）和共反应物（ii）都发生还原反应；然后，在随后的反应（通常是键裂解）之后，还原型的共反应物产生强氧化自由基（iii），该自由基与还原型发光团（iv）反应产生激发态，该激发态在发光时又回到基态（v）。（c）共反应物氧化还原（O-R）：发光团（i）和共反应物（ii）都发生氧化反应；然后，共反应物分解形成强还原自由基（iii），其随后还原发光原（iv）以产生在发光（v）时松弛到基态的电子激发态

由于电化学发光团在每个循环中都是再生的，因此其发光强度不仅取决于化合物固有的光致发光特性，而且还取决于施加电压后形成激发态的氧化还原反应速率。因此，高效的电化学发光团必须具有合适的氧化还原性能，能在氧化或还原的状态下保持稳定并可能具有优异的光致发光性能。在诊断和生物医学应用中，发光团还必须在进行生物分析的水介质中具有良好的溶解度。同时考虑到自旋统计量在电子形成中的作用[12]，人们发现磷光发射源的性能比荧光染料的性能更好，导致该领域以过渡金属配合物为主，特别是钌和铱的金属配合物[13]，而其中钌（Ⅱ）吡啶配合物是过渡金属配合物家族中研究和开发最多的体系之一。值得关注的是，

由于这些发光钌（Ⅱ）配合物具有丰富的光物理和化学性质，因此其在生物应用方面存在着巨大潜力。磷化合物具有相对较低的光致发光量子产率，特别是在空气中，因为氧气是长寿命激发态三重态的有效猝灭剂。对于荧光探针来说，与有机极性溶剂相比，水和极性溶剂往往也不是理想介质[14]。因为水溶液会通过形成氢键[15] 或者络合物[16] 对其产生不利影响。这些限制促使研究人员开发新的方法来提高发光团的性能，例如使用纳米材料[17] 和超分子聚集体[18]。聚集诱导发光[19-21] 和聚集诱导发光增强 （AIEE)[22] 现象被认为是克服介质限制的理想工具。AIE 体系需要精确的分子设计，使其易于在溶液中聚集而不引入空间位阻使它们能够避免不利的 π-π 堆积，这种相互作用通常会导致发光信号的猝灭。在某些分子聚集时，由于分子内部基团的部分旋转和振动受阻，抑制了能量的非辐射损失，最终提高了聚集时的发光效率。

De Cola 等人于 2017 年首次报道了聚集诱导发光在电化学发光领域中的应用[23]。与常见的聚集诱导发光团旨在防止分子聚集时的电子相互作用不同，De Cola 等人设计和合成的 Pt（Ⅱ）配合物不仅改变了配合物的光学性质，还改变了其氧化还原电位。如图 4.2 （a）所示，当 Pt（Ⅱ）配合物之间足够接近（< 3.5Å，$1Å=10^{-10}m$）时，金属 Pt 的 dz^2 轨道可以相互重叠，从而形成新的分子轨道，导致其与单体化合物表现出完全不同的电子跃迁模式。特别是含有共轭配体的 Pt（Ⅱ）配合物的最低激发态具有金属-金属到配体的电荷转移 （MMLCT）特征。这导致了发光的红移，通常伴随着发光量子产率的增强。此外，由于最高占据分子轨道的（HOMO）不稳定性，这种 d-d 相互作用导致配合物的氧化电位降低。向低能量的转变不仅有利于探测到在可见光甚至在近红外（NIR）区域发出的光信号，而且还导致 Pt（Ⅱ）配合物结构单元发生氧化反应。因此，单个化合物较弱的电化学发光信号在它们电子相互作用存在的离散结构中自组装聚集时会变得增强。这种新现象被定义为聚集诱导电化学发光，即强调分子的聚集导致了电化学发光信号的增强。如图 4.2 所示，Pt（Ⅱ）两亲性配合物由一个三齿配体和一个 （Pt-PEG）或两个 （Pt-PEG$_2$）吡啶联三乙二醇链组成。总体电荷保持中性以促进其在极性介质中的聚集，同时引入亲水链以促进其在水中的溶解度。Pt-PEG 几乎不溶于水，而 Pt-PEG$_2$ 能够在纯水溶液中形成稳定的橙色聚集体，进一步研究表明其电化学发光性能优于经典的电化学发光标准物 $Ru(bpy)_3^{2+}$[24]。

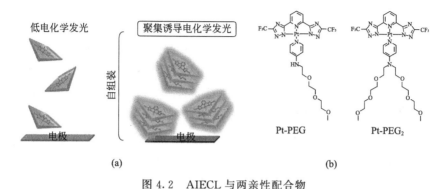

图 4.2　AIECL 与两亲性配合物

(a) 中性 Pt(Ⅱ) 两亲化合物聚集时观察到的聚集诱导电化学发光（AIECL）；
(b) AIECL 的 Pt(Ⅱ) 两亲性配合物 Pt-PEG 和 Pt-PEG$_2$ 的结构[23]

4.2　聚集诱导电化学发光进展与应用

自从聚集诱导电化学发光现象被发现以来，已经有数百篇研究论文报道了该电化学发光体系。随着 AIE 材料的迅速发展，已从小分子扩展到有机[25]和无机分子，甚至聚合物和复合材料[26]。不同类型的聚集体，如纳米颗粒（NPs）、纳米晶体（NCs）[27]、聚合物量子点（PDs）等，都显示出独特的聚集诱导电化学发光特性，但其发光机制大体类似，即聚集会改变发光团的氧化还原性质，从而改变其发光性质。与此同时，越来越多的聚集诱导发光团也推动着聚集诱导电化学发光体系在分析化学中的应用，用来检测从重金属离子到生物大分子相关的各种分析底物[28-29]。通过研究疏水性发光团在水溶液中聚集的趋势，聚集诱导电化学发光已被证明是将电化学发光方法扩展应用到水相检测的一种十分有效的方法，并且显示出优异的灵敏度和选择性，从而有效解决了在水相中由发光团聚集引起的发光猝灭这一科学难题，同时也提高了有机小分子发光体在水相中的电化学发光性能。下面我们将根据聚集诱导发光团分子的不同，详细介绍近年来聚集诱导电化学发光的一些重要实例。

4.2.1　小分子聚集诱导电化学发光体系

目前，有机化合物被认为是最受关注的电化学发光体，因为它们不含金属，反应活性高并且具有很大的结构调控和功能化的潜力。有机发光小分子材料因自身独特的结构，其具有更高的发光效率和更宽的颜色选择范围，而且其容易加工修饰而成为研究者关注的焦点。在 De Cola 报道了聚集诱导电化学发光体系后不久，Zhang 等人报道了第一例聚集诱导电化学发光活性有机分子[28]。他们设计了一种供体-受体型分子 6-[4-(N,N'-二苯胺)苯基]-3-乙氧羰基香豆素［DPA-CM，图 4.3（a）］，通过再沉淀法形成尺寸为 5.8 nm 的纳米晶（NPs），并将其沉积在玻碳电极（GCE）上。DPA-CM NPs 在共反应剂 $K_2S_2O_8$ 或三丙胺存在下表现出聚集诱导电化学发光性能。进一步研究表明，氧化还原机制被认为是该发光体系最有可能的途径［图 4.3（b）］。此外，利用不同的生物学相关分析物（抗坏血酸、尿酸和多巴胺）进行的聚集诱导电化学发光信号猝灭实验表明该体系可以在 $0.05\sim50\mu\mathrm{mol/L}$ 线性区间内检测这些分析物，这也是聚集诱导电化学发光在该领域的首次应用［图 4.3（c）］。

具有聚集诱导发光的物质是寻求聚集诱导电化学发光团时的一个最直接的选择。到目前为止，研究也表明大多数电化学发光体系都是基于聚集诱导发光体而建立的。四苯基乙烯（TPE）是目前研究最多的聚集诱导发光基团之一。在分子形态上，TPE 及其衍生物呈现出高度动态的螺旋结构；因此，当其溶解在溶剂中时，它们没有或很弱地发光。相反地，TPE 聚集会抑制苯基的自由旋转，从而使非辐射弛豫途径减弱，进而促进了发光的增强。基于 TPE 衍生物的聚集诱导电化学发光通常被视为是一个氧化还原的过程，其中空间运动限制起着关键作用，这与光致发光所观察到的现象几乎一致。

2018 年，Yuan ruo 课题组[30-31] 发现在聚集诱导电化学发光增强的能量转移机制外，基于水溶液中观察到的六方四苯基乙烯微晶（TPE MCs）具有很强的电化学发光现象，提出了一种名为限制分子内运动驱动电化学发光（RIM-ECL）增强的新策略。与传统分子隔离态的 TPE 相比，聚集态的 TPE（TPE MCs）由于分子内运动的限制，其电化学发光信号明显增强。受 TPE MCs 独特发光特性的启发，该课题组在表面活性剂辅助自组装形成的四苯基乙烯微晶中发现了聚集诱导电化学发光现象［图 4.4（a）］。当四苯基乙烯溶解在四氢呋喃中时会表现出微弱的电化学发光信号，而当以微晶形式在以三乙胺为共反应物的磷酸缓冲溶液中分散时显示出强烈的红色电化学发光信号（$\lambda=675\mathrm{nm}$）［图 4.4（b）］。这

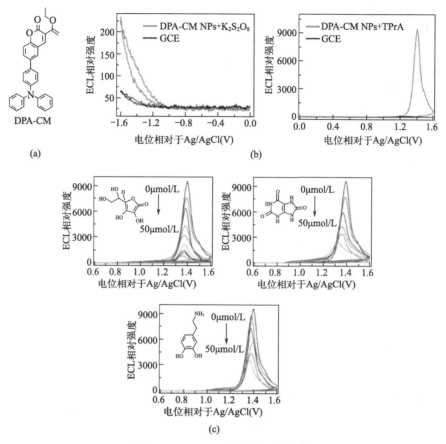

图 4.3　DPA-CM 结构与相关性能

(a) DPA-CM（6-[4-(N, N'-二苯胺) 苯基]-3-乙氧羰基香豆素）结构；(b) 在 0.1mol/L 磷酸盐缓冲盐水存在下的电化学发光强度 [pH＝7.40，含有 50mmol/L $K_2S_2O_8$ 或 50mmol/L 三丙胺（TPrA）；(c) DPA-CM NPs 修饰的玻碳电极在含有 50mmol/L TPrA 和不同浓度（0、0.05、0.1、0.5、1.0、5.0、10、25、50μmol/L）乙酸（左）、尿酸（中）和多巴胺（右）中的电化学发光强度[28]

些四苯基乙烯微晶已被用于构建检测癌症生物标志物 Mucin 1（MUC1）的生物传感器，检测限为 0.29fg/mL，与目前报道的最佳 MUC1 传感平台相当 [图 4.4（c）]。此外，还研究了牛血清白蛋白（BSA）被 TPE NCs（BSA-TPE NCs）包裹后的光致发光现象（λ＝440nm）与强红移 AIECL（λ＝678nm）的关系。相对于经典的 Ru(bpy)$_3^{2+}$ 体系，该 TPE NCs 近红外发光效率为 1.35% [图 4.4（d）]。这些四苯基乙烯聚集诱导电化学发光体系还可以进一步用于开发一种高灵敏度和选择性的生物传感器，用于检测 miRNA-141[31]。

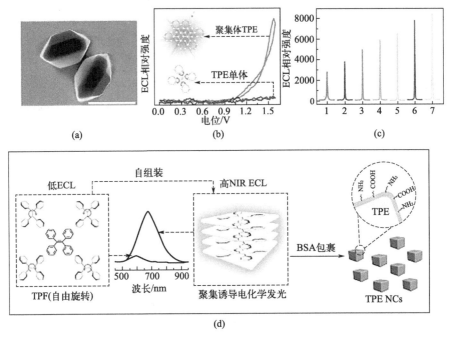

图 4.4　四苯基乙烯微晶的聚集诱导电化学发光

（a）四苯基乙烯微晶（2 μm）的扫描电镜图像；（b）在含有 1mg/mL TPE 单体和 20mmol/L 三乙胺的 0.1mol/L TBAPF$_6$ THF 溶液中，裸 GCE 的电化学发光电位谱［在 0.1mol/L PBS 中加入 1mg/mL TPE 微晶（TPE MCs）和 20mmol/L TEA］；（c）不同浓度 Mucin 1 孵育后生物传感器的电化学发光响应（1 为 1fg/mL，2 为 10fg/mL，3 为 100fg/mL，4 为 1pg/mL，5 为 10pg/mL，6 为 100pg/mL，7 为 1ng/mL）；（d）在 BSA-TPE 微晶中观察到的聚集诱导发光示意图[30]

　　开发高活性、环保、结构可调的有机发光团是电化学发光研究的热点问题之一，其中四苯基乙烯衍生物是最具代表性的发光团。而化学改性四苯基乙烯已被证明是一种有效的策略，可以调节材料的聚集和发射特性，Lu 等人[32] 开发了一种在水相中产生传感的四苯基乙烯聚集诱导电化学发光体系。Li 等人最近对四苯基乙烯进行了功能化，即引入带正电的氨基进行了修饰[33]。生成的带正电荷的分子（QAU-1）用于在锡氧化铟（ITO）玻璃表面产生具有高电荷密度的自组装体，在 K$_2$S$_2$O$_8$ 作为共反应物下，通过还原-氧化机制产生了聚集诱导电化学发光现象，这在其他的四苯基乙烯发光团中并不常见［图 4.5（a）］。二茂铁功能化的 DNA 序列能够选择性识别抗肿瘤的博来霉素，通过静电相互作用进一步抑制了该组装体的发光。在博来霉素存在下，Fc-DNA 被切割，使得电化学发光信号发生明显的变化，最终实现了对博来霉素的超灵敏检测［图 4.5（b）］，为高性能电化学发光生物传感器的开发开辟一条新的途径，在分析领域显示出重要的潜在应用。

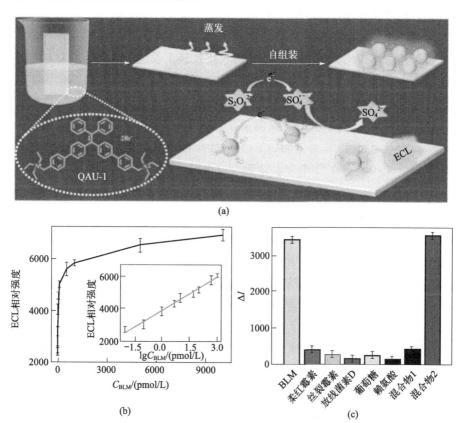

图 4.5　QAU-1 在氧化铟锡（ITO）上的自组装体与相关性能

（a）用 QAU-1 组装的 ITO 玻璃功能化示意图和提出的 AIECL 机制；（b）二茂铁功能化 DNA 序列（Fc-DNA）/QAU-1/ITO 基生物传感器对博来霉素（BLM）浓度的电化学发光响应；插入图显示了电化学发光响应与浓度对数的线性关系；（c）在不同分析物的存在下 Fc-DNA/QAU-1/ITO 基生物传感器的电化学发光强度变化[33]

　　最近，Yan 等人利用磷酸基四苯基乙烯衍生物（TPE-pho）建立了一种能够在碱性磷酸酶（ALP）存在下切换的聚集诱导电化学发光体系，构建了一种基于聚集诱导效应的电化学发光生物传感器。该传感器通过使用聚集诱导发光材料，不仅扩大了有机物在水相中的应用范围，而且消除了背景荧光的干扰，信噪比更高[34]。因为磷酸基团内的空间位阻和氢键的形成增强了四苯基乙烯中苯基的自由旋转，进而增加了电化学发光信号，而 ALP 基团对磷酸的裂解增加了四苯基乙烯部分的迁移率，降低了聚集诱导电化学的信号响应。该体系可以用于 ALP 的一步快速检测，线性范围为 $0.1\sim6.0U/L$，检测限为 $0.037U/L$。同时还分析了人血清中的 ALP，回收率从 95.12% 到 113.8% 不等。

另一个使用四苯基乙烯衍生物的例子是 Lu 等人[35] 利用一种简单的分子结构修饰策略，将脂溶性卟啉的聚集致猝灭发色团转化为具有水相活性的聚集致发射发色团。卟啉虽然具有良好的光物理性质，但其在水中的溶解度较低，且 π-π 相互作用使其容易聚集，导致发光的猝灭。在 ATTP 结构中引入四苯基乙烯，不仅使聚集体的性质从 ACQ 转变为 AIE（图 4.6），而且通过 TPE 部分向 ATTP 的能量传递，增强了系统的聚集诱导电化学发光响应。在最佳含水量为 90% 时，使用 $K_2S_2O_8$ 作为共反应剂时，ATPP-TPE 相对于基准发光物质 $Ru(bpy)_3^{2+}$ 的发光效率达到 34%，并且发光强度在 20 多个连续扫描循环中保持稳定 [图 4.6（d）]。

在过去的几十年里，卟啉作为光敏剂广泛应用于染料、太阳能电池、光合作用、发光探针以及细胞成像和有机电致发光器件。人们对卟啉的广泛兴趣归因于其独特的光谱特性、优异的化学和光化学稳定性以及通过分子调制而具有的多种光物理性质[35]。前期研究表明，卟啉分子由于 π-π 相互作用、范德华力和分子的氢键作用，会以两种不同的方式排列，即面对面或边向边排列，分别形成 H 型或 J 型聚集。其中锌卟啉复合物的 J 聚集体能够表现出很强的聚集诱导电化学发光性能[36]。因此，选择抑制 π-π 堆积 H 聚集形成并支持置换 J 聚集体的方法是一种可促进卟啉产生聚集诱导电化学发光的有效途径，Fu 等人[37] 制备得到了 5，10，15，20-四（4-羧基苯基）卟啉（TCPP）的 J 聚集体，该聚集体以过硫酸盐为共反应剂时，通过氧化还原反应能够表现出强的聚集诱导电化学发光现象。将该系统应用于 Cu^{2+} 的超灵敏检测，线性范围为 $0.001\sim500nmol/L$，检测限为 $0.33pmol/L$。研究还发现，使用 L-半胱氨酸覆盖的氧化锌"纳米花"通过双重作用可以提高聚集诱导电化学响应和传感器的灵敏度。其可以作为助反应物加速器和能量供体来填充四羧基苯基卟啉的激发态。

噻咯是一类具有聚集诱导发光特性的化合物[38]。有机发光探针在医学研究、生命科学和环境分析领域发挥着非常重要的作用。由于大多数探

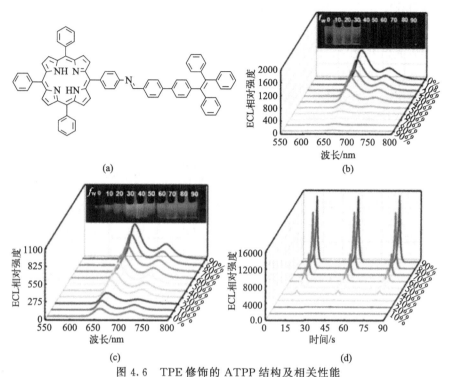

图 4.6　TPE 修饰的 ATPP 结构及相关性能

(a) TPE 修饰的 5-(4-氨基苯基)-10,15,20-三苯基卟啉（ATPP）；(b) 在 DMF 中含有非功能化 ATPP 的溶液中，当含水量从 0 增加到 90％时，观察到光致发光（PL）聚集诱导猝灭；(c) ATPP-TPE 显示的含水量从 0 增加到 90％时的 AIE PL 发射 ［图 (b) 和图 (c) 显示了紫外光（365 nm）下对应的溶液]；(d) ATPP-TPE 不同聚集程度的 ECL 强度-时间曲线，条件为 0.1mol/L $K_2S_2O_8$，0.1mol/L PBS（pH 7.5），0.1mol/L KCl

针不溶于水，在一般情况下它们在水相中的应用受到限制，以往的研究表明在电极表面直接修饰电化学发光团形成异相电化学发光体系。这时，发光体会被限制在电极表面，对分析物干扰低，特别适用于不溶于水的电化学发光团。有机发光团被认为是异相聚集诱导电化学发光的理想发光体，因为它们具有高反应活性，不溶于水，以及良好的发射波长可调性。Lu 等人[39] 将 1,1′-二取代-2,3,4,5-四苯基噻咯 ［图 4.7 (a)］修饰在电极表面，从而产生了非均相的聚集诱导电化学发光信号。具体而言，在含 20％水的四氢呋喃溶液中，观察到较弱的电化学发光现象，而在高水含量下由于分子发生了聚集，导致电化学发光信号急剧增强。在最佳条件下，以 $K_2S_2O_8$ 为共反应剂，基于噻咯的聚集诱导电化学发光体系相对于经典的 $Ru(bpy)_3^{2+}$ 的相对发光量子产率为 37.8％ ［图 4.7 (b)］。此外，利用在电化学发光过程中形成的噻咯自由基阴离子中间体可以与羰基发生化学反应，从而产生发光信号的猝灭［图4.7（c）］。最终将该聚集诱导电化学发光体系成功应用于对工业增塑剂分子邻苯二甲酸二丁酯的高灵敏检测。最近，该团队还研究了苯并噻咯化合物的聚集诱导电化学发光现象，观察到吸电子基团对增强聚集诱导电化学发光起到了积极的作用，并且使用该体系检测了水中痕量的六价金属铬离子[40]。

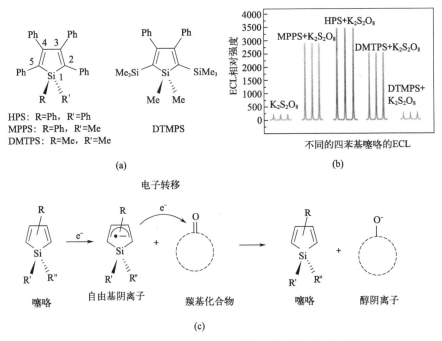

图4.7　四苯基噻咯类化合物结构、性能与猝灭机理
（a）四苯基噻咯类化合物；（b）不同的四苯基噻咯在电极表面聚集状态下的
电化学发光强度；（c）羰基化合物猝灭电化学发光的机理[39]

Pagenkopf[41]等人对基于噻咯的聚集诱导电化学发光体系进行了拓展，他们将结晶诱导发光增强的概念[42]扩展到在结晶状态下的苯并噻咯体系中。先后合成了苯并噻咯化合物4T1和4T2［图4.8（a）］，研究发现该类噻咯化合物在二氯甲烷溶液中表现出了弱电化学发光信号；在无共反应物的情况下，通过湮灭机制产生的电化学发光信号在相同条件下相对于$Ru(bpy)_3^{2+}$，噻咯化合物4T1和4T2的效率分别为2.3%和2.1%。添加过氧化苯甲酰（BPO）作为共反应剂时，其相对效率分别降低到

0.08％和0.4％。将结晶后的噻咯化合物 4T1 和 4T2 分别修饰在玻碳电极表面时，使用 1∶1 的水∶乙腈溶剂和添加 BPO 作为共反应剂，发光效率能够提高到 2.5％（4T1）和 6.5％（4T2）。最后提出了二聚化反应增强结晶诱导发光的步骤，该机制能够显著增强电化学发光并导致在溶液和非晶态的发光红移［图4.8（b）］。并且建立了一个高疏水性有机化合物的异相电化学发光体系，表明结晶诱导策略大大提高了电化学发光强度，有效扩展了聚集诱导电化学发光体系的范围，为设计和开发更高效的光电器件提供了一个新思路。

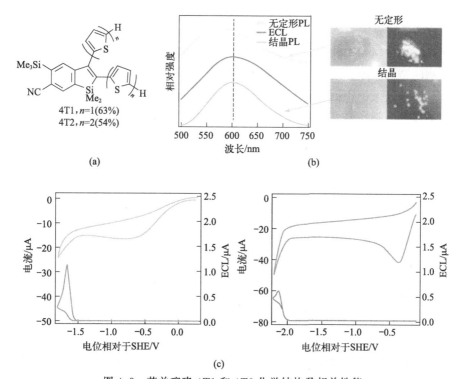

图 4.8　苯并噻咯 4T1 和 4T2 化学结构及相关性能

（a）苯并噻咯 4T1 和 4T2 的化学结构；（b）在光激发下 4T2 的非晶（黄色）和晶体（橙色）的发光光谱，以及薄膜（蓝色）的电化学发光，以及 4T2 在自然光（左）和 365nm 紫外光（右）下的照片；（c）4T2（左）和 4T1（右）薄膜在 0.1V/s 条件下以 5mmol/L 过氧化苯甲酰为共反应剂的循环伏安图和 ECL-电位图[41]

9,10-二苯蒽（DPA）是最早被观测到具有电化学发光现象的有机分子，其优异的光学性能与其独特的"蝴蝶"结构密不可分。DPA 分子中的蒽环起到轴的作用，与苯环连接形成"蝴蝶"构型的两翼，这种独特的结构明显增加了分子的空间位阻。由于 DPA 中烯烃与苯环的存在，相互作用的 π 共轭分子的轨道显示出较低的电子能级，这有助于电子从基态向激发态的跃迁。最近 DPA 立方纳米晶体（CNPs）被用于构建聚集诱导电化学发光免疫型传感器，用于检测霉菌毒素（AFB1）[43]。当 DPA CNPs 沉积在玻碳电极表面时，与其分散在溶液中时观察到的信号相比，电化学发光信号显著增加。机理研究表明，以三丙胺（TPrA）为共反应剂时，体系存在氧化还原反应。该体系构建的免疫传感器可以高效检测 AFB1，检测限为 3fg/mL，线性范围为 0.01～100ng/mL。

近年来，为了方便探索碳硼烷衍生物的性质和应用，人们在碳硼烷功能化方面做了大量的工作。基于碳硼烷的材料已被应用于生物成像、生化靶向等生物领域。碳硼烷独特的三维体积，使其可以作为聚集诱导发射氟化物的结构基序。此外，碳硼烷的吸电子特性（当取代在 C 位时）可以有效地诱导电子转移发光。最近 Xu 等人提出使用碳硼基咔唑作为高效的聚集诱导电化学发光物质，以克服氧化还原反应系统在生物传感中的应用局限[44]。该体系在水相中，合成的分子 T-1～T-6 ［图 4.9（a）］显示出优异的聚集诱导发光行为。这种化合物的优异性质被认为与结构中 1,2-二苯基-邻碳硼基部分的存在有关，它允许存在更加有效的反馈作用。虽然所有报道的化合物在聚集时的电化学发光强度增加了 10～40 倍，但化合物 T-3 的发光强度比其在 THF 溶液时增加了 221 倍。据观察，具有较小粒径的化合物的电化学发光更加强烈。与其光致发光（547 nm）相比，电化学发光谱峰（582 nm）发生红移的原因归因于表面态跃迁，其能量低于本体的跃迁 ［图 4.9（b）］。

最近，Xu 等人在供体-受体型聚集诱导发光团薄膜材料方面也开展了一些研究[45]。受该类研究启发，Liang 小组报道了苯并噻唑-双苯胺（BTD-TPA）的聚集诱导电化学发光行为[46]。这是首次报道制备出一种在水介质中明亮且无金属的电化学发光膜（MAEF），该小组使用了一种非金属和蝴蝶形状的发光材料（BTD-TPA），在实验过程中发现，BTD-TPA 薄膜在金（Au）衬底上显示出明显的电化学发光信号增强，并且与该化合物在四氢呋喃溶液中形成的聚集体相比，该化合物在水中形成的聚集体诱导的电化学发光强度增强了约 252 倍。研究表明，金底物不仅能催化电化学反应，还能促进激发光源分子的辐射衰变。在水介质中，固体薄膜的电化学发光可以很容易地用肉眼观察到，作者还制作了使用金晶片作为电极的薄膜，与玻碳电极形成的薄膜相比，观察到的信号提高了八倍。这归因于金在发光剂和反应物氧化过程中的电催化作用。此外，通过增加负载对电化学发光放大效应的研究实现电极上形成的聚集体的形态表征，表明金作为成核中心促进了玻碳电极中未观察到的草状聚集体的生长。与经典发光体系 $Ru(bpy)_3^{2+}$ 相比，这些草状聚集体的电化学发光效率高达 25.6%。最后，该系统被成功应用于检测多巴胺，检测的线性范围在 $10^{-15} \sim 10^{-8}$ mol/L，检测限低至 3.3×10^{-16} mol/L[46]。该研究成果与以前报道的可见光电化学发光系统完全不同，利用高 ECL 亮度和对 DA 的高灵敏度，提出了一种基于胶片电化学发光图像灰度分析的简便方法，用于 DA 的视觉和灵敏度检测。这种明亮的 MAEF 为电化学发光成像和水介质中重要生物分子的视觉检测开辟了新的途径。

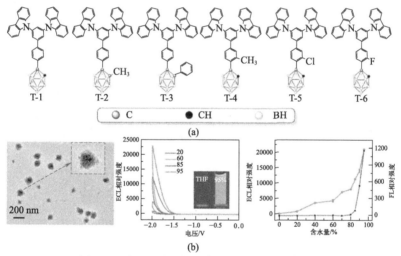

图 4.9　碳硼基咔唑的聚集诱导电化学发光体系
（a）碳硼基咔唑 T-1～T-6 的结构；（b）左图，95% H_2O 中形成的 T-3 聚集体的透射电镜图像；中，不同含水量下 T-3 的 ECL 信号增强，附图为 AIE 光致发光图；右图，AIECL（红色）和 AIE（黑色）随介质含水量的变化曲线，显示了 AIECL（红色）和光致发光（黑色）光谱[44]

大多数聚集诱导电化学发光的例子都是针对有机化合物的。事实上，金属配合物也能够被用于构建聚集诱导电化学发光体系，包括聚合物或分子形式的配位化合物。在配位化合物中通过超分子相互作用进行分子自组装的方法也是触发高效聚集和产生强 AIECL 信号的一种途径。例如 Ye 等人[47] 报道了铱配合物聚集诱导电化学发光体，他们首先合成了 [Ir

(tpy)（bbbi）］［bbbiH3＝1,3-双(苯并咪唑-2-基)苯］[图 4.10（a）]，
得到了具有 AIECL 的环金属化铱（Ⅲ）配合物。在溶液中该化合物表现
出弱的光致发光和电化学发光，将其归因于分子振动和旋转自由导致的非
辐射能量损失。在 90％的水和 10％的 DMSO 中，该铱配合物会形成单分
散尺寸为 120nm 的聚集体；当水含量进一步增加到 98％，其平均尺寸增
加到 160nm 左右。纳米聚集体大小的增加与使用三丙胺作为共反应剂并
应用于约＋1.23V 的电位时电化学发光信号增强现象一致，将其归因于
铱配合物氧化为相应的阳离子 [图 4.10（b）]。这些聚集体的电化学发
光强度比其在溶液中的电化学发光强度高约 39 倍，比经典体系
Ru(bpy)$_3^{2+}$ 的电化学发光强度约高 4 倍 [图 4.10（c）]。此外，加入牛

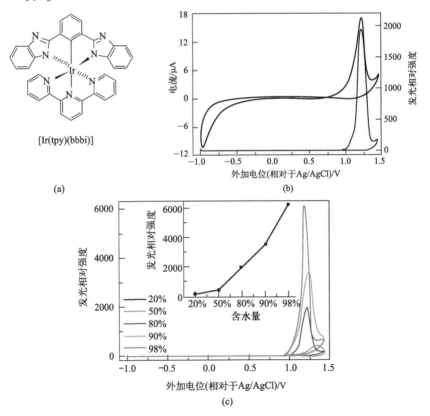

图 4.10　铱配合物聚集诱导电化学发光体
(a)［Ir(tpy)(bbbi)］的化学结构；(b) 铱配合物（$c＝200\mu mol/L$）在 DMSO：H$_2$O 为 20∶80
中的循环伏安图（黑线）和 ECL-电位曲线，插图显示了空白曲线（红线），条件为 1mmol/L
TPrA，100mmol/L NaCl，10mmol/L PBS，pH 7.4[47]；(c) 外加电压与发光强度关系曲线

血清白蛋白（BSA）后，复合聚集体的电化学发光强度呈线性增加，这是由于 BSA 与纳米聚集体表面结合，减少了分子之间的振动。这种反应表明该化合物在聚集诱导电化学发光生物传感器的开发中具有很大的潜力。综上所述，该小组的工作表明，通过超分子相互作用进行分子自组装是限制分子振动从而诱导复合物产生 AIECL 行为的关键因素之一。通过进一步设计和合成一些复合物，以深入了解其结构-性质关系，对指导 AIECL 的理论研究和实际应用有潜在作用。

发光金属配合物已广泛应用于 DNA 探针和细胞特异性成像。通常，配合物的配体含有芳香环，它们的配离子带正电荷。这种结构有利于发光团和带负电荷的 DNA 通过各种力（包括静电和插层结合）形成强相互作用，额外的相互作用也可能发生在细胞内，进而产生检测效果。最近，Gu 等人报道了使用二氯(1,10-菲咯啉)钌（Ⅱ）[$Ru_2(phen)_2Cl_2$]作为 AIECL 发光基团及其在核酸传感和分化中的应用[48]。他们以三丙胺作为共反应剂时，$Ru_2(phen)_2Cl_2$ 聚集体的光致发光和电化学发光强度在水和乙腈（体积比：7/3）的混合溶液中达到了最大值。在较高含水量时，聚集的增加会产生相反的结果，聚集诱导电化学发光强度降低 [图 4.11 (a)]。在水和乙腈体积比为 1/10 时，纯络合物表现出较弱的电化学发光信号。向该体系添加不同类型的核酸（RNA、ssDNA 或 dsDNA）会触发不同的聚集形式，显示出可分化的电化学发光信号 [图 4.11 (b)]。此外，该电化学发光反应受不同核酸碱基数量的影响，进而可以允许不同 miRNA 链的分化 [图 4.11 (c)]。该研究开辟了鉴别各种核酸的新途径，在分子传感器、生物成像探针、细胞器特异性成像和肿瘤检测等诸多研究领域具有重要意义。

大多数环金属化铱（Ⅲ）配合物在免疫分析中的应用很少受到关注，因为它们的水溶性较差，这使得它们很难在水介质中与生物分子标记并与纳米材料功能化。这样的缺陷阻碍了环金属化铱（Ⅲ）配合物在生物测定中的深入研究和应用，这已经成为目前需要面对和解决的挑战，以扩大免疫测定和生物传感的更多可能性。制造聚集诱导发光（AIE）生物偶联物的报道被广泛分享，这激发了人们将低水溶性 AIE 发光团与生物分子（如蛋白质、酶或肽）连接起来的热情，以提高其溶解度和生物相容性，从而广泛应用于生物医学。这一事实表明，铱（Ⅲ）基生物偶联物的形成可能是一个有希望很可行的方向。而 Wei 等人最近制备了新型化合物 fa-

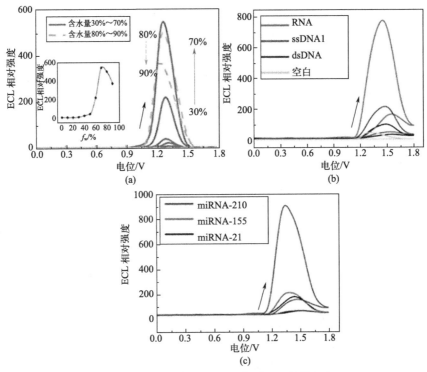

图 4.11 Ru₂(phen)₂Cl₂ 聚集诱导电化学发光

(a) CH₃CN 混合物中不同含水量下 Ru₂(phen)₂Cl₂(50μmol/L) 电位- AIECL 信号图，附图显示了 ECL 强度随溶剂含水量的变化，条件为三丙胺浓度为 10mmol/L，电解质为 0.10mol/L LiClO₄，扫描速率为 0.10V/s；(b) 在 2μmol/L ssDNA1、dsDNA 或 RNA 存在下，Ru₂(phen)₂Cl₂ 的聚集体浓度 (50μmol/L)；(c) 在 2μmol/L miRNA-210、miR-NA-155 和 miRNA-21 存在下，Ru(phen)₂Cl₂ 的聚集体浓度 (50μmol/L)；(b) 和 (c) 的条件为 0.10mol/L LiClO₄ 在 10%（体积分数）H₂O/MeCN 中使用玻碳电极扫描，扫描速率为 0.10V/s[48]

ci-tris（2-苯基吡啶）铱（Ⅲ）[Ir(ppy)₃] 分子来产生聚集诱导电化学发光[49] 正是一条新的研究途径。他们将该类分子聚集在载铁蛋白（apoFt）腔内，与单体信号相比，聚集后的电化学发光强度增强了 5.3 倍。该类封装是通过 pH 触发 apoFt 的组装/拆卸来实现的。最后，还将 Ir(ppy)₃@apoFt 生物偶联物用于构建鳞状细胞癌 CYFRA21 生物标志物的免疫传感器，具有良好的线性范围（1pg/mL ~ 50ng/mL）和较低的检测限（0.43pg/mL）。研究得到了利用 apoFt 设计基于铱（Ⅲ）的 AIECL 发光体的启发，这将扩大有机铱（Ⅲ）配合物在电化学发光免疫测定中的应用范围，这种生物偶联策略还可以帮助克服一些难溶有机发光存在的不稳定性[49]。

4.2.2　大分子和金属团簇的聚集诱导电化学发光体系

随着人们对聚集诱导电化学发光团和生物传感平台的不断研究，不仅使用了小分子，而且还探索了大分子体系。这种大分子结构的一个突出例子是聚合物量子点。量子点的稳定性、可调控性和广泛性允许将活性分子部分作为单体，同时还保持其原有的特性。随着对四苯基乙烯分子聚集态的研究，四苯基乙烯分子基团已被设计在几种产生聚集诱导电化学发光聚合物中。Ju 小组报道了供体-受体三聚体，包括呋喃（P-1）或咔唑（P-2）作为供体单元，四苯基乙烯作为聚集诱导发光单元，BODIPYs 作为受体发色团[50] ［图 4.12（a）］。这些聚合物与聚苯乙烯-双马来酸酐（PS-MA）结合形成量子点。使用咔唑作为强供体使量子点的发光发生红移，与 P-1 相比，P-2 的发光强度增加了大约四倍，并且在湮灭机制中阳极峰电位降低了约 553mV。此外，使用三丙胺作为共反应剂，通过促进氧化还原机制来增强电化学发光信号，并且 P-2 的信号增强更为明显，其信号强度约为 P1 的六倍［图 4.12（b）］。与经典的 Ru(bpy)$_3^{2+}$ 体系相比，P-1 和 P-2 的电化学发光效率分别为 5.8% 和 11.8%。类似的设计被用于检测两种生物相关的儿茶酚衍生物肾上腺素和多巴胺[51]。其传感原理依赖于邻苯醌衍生物作为儿茶酚氧化产物形成的聚合物量子点发光猝灭。对于肾上腺素和多巴胺，该方法具有 10～500μmol/L 和 10～100μmol/L 的线性范围，检出限分别为 3nmol/L 和 7nmol/L。

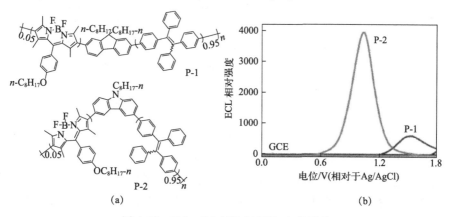

图 4.12　P-1、P-2 结构与 ECL 电位信号

（a）供体-受体型聚合物 P-1 和 P-2 的结构；（b）P-1、P-2 和 GCE（玻碳电极）的电位信号[50]

最近，四苯基乙烯还被用于 1,1,2,2-四(4-溴苯基)乙烯(TBPE) 与三 (4-乙基苯基)胺的交联制备共轭微孔聚合物[52]。与 $Ru(bpy)_3^{2+}$ 相比，该系统的相对发光效率为 1.72%，并使用先前描述的邻苯醌猝灭原理检测多巴胺，线性范围在 10nmol/L 至 $500\mu mol/L$ 之间，检测限为 0.85nmol/ L。Hua 等人将四苯基乙烯共轭聚合物在传感中的应用扩展到更实用的水平，他们使用硼酮亚胺酸盐（BKM）-TPE 聚合物与 PSMA 一起构建了尺寸约为 11nm 的 AIECL BKM -TPE 量子点。UO_2^{2+} 是一种常见的核废料，能够将能量传递给量子点，从而增强了电化学发光信号。该方法对 UO_2^{2+} 的检测范围为 0.05 ～ 100nmol/L，对铀酰的检测限低至 10.6pmol/L。这些优异的结果被转化为一种便携式设备，用于检测天然水源中的 UO_2^{2+}。

将聚合物固定在电化学发光电极上的发射器是一种诱人的选择，因为它可以简化传感状态，有时还可以增强响应。主要是基于 $Ru(bpy)_3^{2+}$ 或其类似物，并将这种材料固定在电极上开发出可再生的电化学发光传感器。这可以通过多种方式实现，包括直接吸附固体材料，在聚合物基体中包裹，或附着在聚合物骨架上。2018 年，Hogan 等人在环金属化铱（Ⅲ）金属聚合物 $[Ir（ppy)_2（PVP/S)_2]^+$ 和 $[Ir（dppy)_2（PVP/S)_2]^+$ 中观察到聚集诱导电化学发光现象［图 4.13（a）］[53]。研究结果为这些材料在基于光致发光和电化学发光的检测和成像以及发光器件中的应用提供了有趣的新研究途径。在用该理论方法解决了化合物的光致发光和聚集诱导发光行为后，研究发现该聚合物在溶液和电极表面上的薄膜中表现出很强的聚集诱导电化学发光现象。此外，通过 THF/水的再沉淀方法形成了尺寸约为 44nm 的小聚合物粒子［图 4.13（b）］。与类似条件下的薄层信号相比，$[Ir（dppy)_2(PVP/S)_2]^+$ 的电化学发光信号强度增加了 12 倍。

近年来，含铱(Ⅲ)聚合物因其合成路线简单、光致发光量子产率（PLQY）高、通过环金属铱（Ⅲ）配合物的不同配体发光波长可调控等特点而受到广泛关注。几乎所有的研究都集中在含铱（Ⅲ）聚合物量子点的电化学发光上，其中铱（Ⅲ）中心在非共轭结构中作为主链或侧链基团，它们很容易合成，但不可避免地存在通过外部电子转移模型在铱（Ⅲ）中心之间传输效率低的缺陷。在这种方式下，通过增加铱络合物的数量可以增强电化学发光信号，但它会增加实验成本和生物毒性。因此，设计含有痕量铱配合物的含铱（Ⅲ）聚合物量子点的高效电化学发光发射器具有重要的意义和挑战性，为此聚合物 TPE 共轭矩阵中所包含的铱发光团引起了科研工作者的普遍关注，Xu 等人发现在这些杂化聚合物量子点的设计中铱配合物覆盖或嵌入聚合物的位置是十分重要的[54]。与使用 2,2-(丁基二乙醇) 作为共反应物的其他嵌入配合物相比，铱配合物的量子点 (PDs1) 显示出更强的电化学发光信号。实际上，虽然 PDs1 的电化学发光效率（19.8%）高于非铱功能化的 PDs0（5.05%），但在 PDs2~5 中嵌入铱配合物却降低了效率。从 PDs2 到 PDs5 效率的逐渐降低与聚合物中铱负载量的增加有关。这种行为是含铱配合物单元破坏了四苯基乙烯共轭结构所导致的。

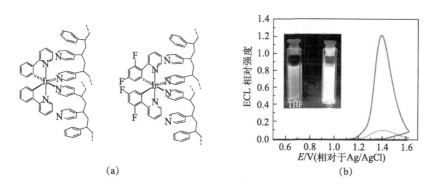

(a)　　　　　　　　　　　(b)

图 4.13　金属聚合物的聚集诱导电化学发光

(a) 金属聚合物 [Ir(ppy)$_2$(PVP/S)$_2$]$^+$ 和 [Ir(dppy)$_2$(PVP/S)$_2$]$^+$ 的结构，金属负载为 1 金属：5 单体，吡啶与苯乙烯的比例为 2:1；(b) 固体 [Ir(dppy)$_2$(PVP/S)$_2$]$^+$ 聚合物（低强度：浅蓝色）和固定化聚合物粒子（高强度：深蓝色）在玻碳电极上的电化学发光电位图，在 0.1mol/L H$_2$SO$_4$ 水溶液中，以 20mmol/L Na$_2$C$_2$O$_4$ 为共反应剂。附图为 [Ir(dppy)$_2$(PVP/S)$_2$]$^+$ 在 THF 溶液和水中作为 pnp 的光致发光[53]

利用四苯基乙烯衍生物，配体 H$_4$ETTC(4′,4″,4‴,4⁗-(乙烯-1,1,2,2-四基)四基([1,1′-联苯]-4-羧酸)与铪（Ⅳ）(Hf-ETTC-MOL)配位构建二维聚合物金属有机层（MOF）。图 4.14(a)表明，不仅与单体或聚合物的 H$_4$ETTC 相比，而且与相关的三维金属-有机骨架 Hf-ETTC-MOF 相比，它都表现出最优越的电化学发光性能[55]。由于 Ru(bpy)$_3$$^{2+}$ 衍生物的抑制作用，大多数基于 MOF 的电化学发光材料仍然存在电化学发光稳定性差和负载量低的缺点。同时，因为较长的电子扩散路径不利于内部电化学

发光团的激发，导致在三维结构 MOF 中电化学发光团的利用率低。研究者们迫切需要寻找一种新的方法来解决这些问题，进而构建具有强而稳定的电化学发光性能的 MOF 结构 ECL 材料。进一步研究表明，MOF 的优异性能主要体现在氧化还原电化学发光过程中离子、电子、共反应物和中间体能够通过多孔薄层，进而在电极附近扩散。该材料随后应用于构建检测癌胚抗原（CEA）的适配体传感器。所构建的传感器在 1fg/mL 到 1ng/mL 的浓度区间具有良好的线性响应，最低检测限为 0.63fg/mL。该传感器对血清中 CEA 也表现出优异的稳定性和选择性［图 4.14（b），(c)］。具有重要意义的是，该小组通过应用超薄二维 MOF 增强电化学发光强度和效率，为制备高效电化学发光材料提供了新的思路，从而为构建高稳定、高灵敏的电化学发光传感器开辟了新的前景。

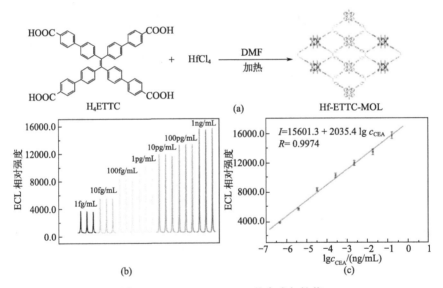

图 4.14　Hf-ETTC-MOL 的合成与性能

（a）Hf-ETTC-MOL 的合成；（b）不同浓度的癌胚抗原孵育后，用 Hf-ETTC-MOL 制备的适配体传感器的电化学发光；（c）电化学发光强度与 c_{CEA} 对数的校准曲线[55]

Wang 等人制备了新颖的磷酸腺苷涂层金纳米团簇（Au AXP；其中 X 代表 M、D 或 T，即单磷酸腺苷、二磷酸腺苷或三磷酸腺苷）[56]。在二价离子（如 Ca^{2+}，Mg^{2+} 或 Zn^{2+}）的存在下，Au AXP 聚集体形成纳米水凝胶支架，这种聚集的发生会导致材料发光强度急剧增强。而且由

Ca^{2+} 引起的电化学发光反应能够实现对钙蛋白的高灵敏检测。在 $0.3 \sim$ $50\mu g/mL$ 的浓度范围内呈现出良好的线性响应，最低检测限为 $0.1\mu g/$ mL。该方法还可以测定血清样品中的钙蛋白，回收率为 92%～117.5%。

　　稀土 Eu 掺杂的 CdSe 量子点（EuSe NCs）作为电化学发光体的新型纳米材料的研究已经投入了大量的精力，这是第一次报道 EuSe NCs 在含有 $K_2S_2O_8$ 的水溶液中表现出良好的 ECL 性能，进一步探讨了 ECL 强度与 EuSe NCs 大小的关系[57]。首先，他们开发了一种方法，通过改变反应条件，特别是表面活性剂（1-十二烷基硫醇）的量，将 EuSe 纳米立方体的尺寸控制在 $3 \sim 70nm$ 范围内。然后，他们观察到随着聚集体大小的增加，电化学发光信号有规律地增加，并将电化学发光的机理归因于使用 $K_2S_2O_8$ 作为共反应剂。接下来，他们用十二烷基三甲基溴化铵（CTAB）、二氧化硅和叶酸依次覆盖 EuSe 纳米立方体，制备出了相应的核壳结构。该体系可被用作细胞传感器，能够使用三维多孔石墨烯吸附的 Au NPs 所修饰的玻碳电极来检测海拉细胞膜上的叶酸受体[55]。

　　配体保护的金纳米团簇因其有趣的催化性质和发射特性而成为一类新的电化学发光基团，作为新兴的"绿色"发光基团，其具有优异的生物相容性，独特的催化、光学和电化学性能而被广泛研究。Liu 等人[58] 发现了一种新型的电化学发光双增强效应。它们通过在玻碳电极上沉积金纳米团簇，观测到当聚集时会显示出电化学发光增强的现象。该系统的固态电化学发光比溶液电化学发光提高了约 1200 倍 ［图 4.15（a）］。进一步的电化学行为分析表明，是电催化氧化共反应物三乙胺提高了氧化效率。由于三乙胺的氧化电位随浓度发生了变化，增加其浓度可避免其电催化氧化。在较高的三乙胺浓度下，电化学发光的总效率从 78% 降低到 11.8% ［图 4.15（b）］，这表明电化学发光的双电催化/聚集增强效应 ［图 4.15（c）］是一个可以进一步探索的概念，可用于提高聚集诱导电化学发光的效率。

　　本章重点描述了如何产生具有不同性能和应用不同聚集诱导电化学发光体系的一些方法。表 4.1 总结了聚集诱导电化学发光体系与经典的 $Ru(bpy)_3^{2+}$ 的发光效率对比。同时，我们看到了用于传感的聚集诱导电化学发光的应用已经取得了巨大的进展，表 4.2 概述了迄今为止聚集诱导电化学发光在检测和传感领域的实际应用。

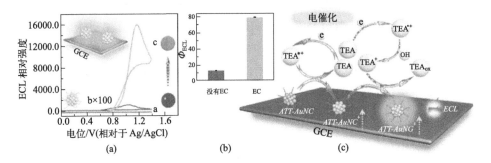

图 4.15　新型的电化学发光双增强效应

（a）裸 GCE 在 0.14mol/L TEA 中的 ECL 电位信号（红色示线）、GCE 在 0.14mol/L TEA＋ATT-Au NC 中的 ECL 电位信号（黑色示线）和 SS-ATT-Au NC/GCE 在 0.14mol/L TEA 中 0.2V/s 的电位信号；（b）在 TEA＝0.3mol/L 浓度下，电催化对 pH 为 11.7 时 SS-ATT-Au NC/GCE 效率的影响；（c）双电催化/聚合增强 ECL 信号的机理[58]

表 4.1　不同聚集诱导电化学发光体系的效率

发光团	效率/%	共反应剂/[c/(mmol/L)]	机理	文献
Pt-PEG2	120	TPrA (18)	O-R	[23]
Pt-PEG2	1400	$Na_2C_2O_4$(10)	O-R	[23]
TPE-$(NO_2)_4$/$K_2S_2O_8$	41.2	TPrA (100)	O-R	[32]
ATPP-TPE	34	$K_2S_2O_8$(100)	R-O	[35]
HPS	37.8	$K_2S_2O_8$(100)	R-O	[39]
4T1	2.5	BPO(5)	R-O	[41]
4T2	6.5	BPO(5)	R-O	[41]
BTD-TPA@Au	26.5	TEOA(300)	O-R	[44]
[Ir(tpy)(bbbi)]	404	TPrA(1)	O-R	[45]
[$RuCl_2$(phen)$_2$]	100	TPrA (10)	O-R	[48]
P-1	5.8	TPrA (100)	O-R	[46]
P-2	11.8	TPrA(100)	O-R	[46]
TBPE-CMP-1	1.72	TPrA (10)	O-R	[52]
BKM-TPE PDs	0.5	TPrA (25)	O-R	[50]
BKM-TPE PDs＋UO_2^{2+}	18.6	TPrA(25)	O-R	[50]
PDs0	5.05	BDEA(25)	O-R	[54]
PDs1	18.9	BDEA(25)	O-R	[54]
PDs2	2.92	BDEA(25)	O-R	[54]
PDs3	1.35	BDEA(25)	O-R	[54]
PDs4	0.88	BDEA(25)	O-R	[54]

续表

发光团	效率/%	共反应剂/[c/(mmol/L)]	机理	文献
PDs5	0.15	BDEA(25)	O-R	[54]
H₄ETTC	10.34	TEA(36)	O-R	[55]
Hf-ETTC-MOF	15.52	TEA(36)	O-R	[55]
Hf-ETTC-MOL	27.63	TEA(36)	O-R	[55]
SS-ATT-Au NC	78	TEA(140)	O-R	[58]

表 4.2　基于聚集诱导发光的传感平台

体系	检测物	线性范围	检测限	文献
DPA-CM NPs	Uric acid	0.05~50μmol/L	0.2μmol/L	[28]
DPA-CM NPs	Dopamine	0.05~50μmol/L	0.04μmol/L	[28]
DPA-CM NPs	Ascorbic Acid	0.05~50μmol/L	0.04μmol/L	[28]
TPE MCs	Mucin 1	10^{-6}~1ng/mL	0.29fg/mL	[30]
BSA-TPE NCs	miRNA-141	10^{-7}~1nmol/L	13.6amol/L	[31]
TPE-(NO₂)₄/K₂S₂O₈	Iodide	5~2000nmol/L	0.23nmol/L	[32]
QAU-1	Bleomycin	0.01~10^4pmol/L	4.64fmol/L	[33]
TPE-pho	ALP	0.1~6.0U/L	0.037U/mL	[34]
ZnO @Cys NFs-TCPP	Cu^{2+}	0.001~500nmol/L	0.33pmol/L	[37]
HPS	DNBP	5~2500nmol/L	0.15nmol/L	[39]
BTD-TPA @Au	Dopamine	0.001~10^3pmol/L	0.33fmol/L	[48]
Ir（ppy）₃@apoFt	CYFRA21	0.001~50ng/mL	0.43pg/mL	[49]
P-1	Catechol	2~10^6nmol/L	1nmol/L	[51]
TBPE-CMP-1	Dopamine	10^{-6}~1mmol/L	0.85nmol/L	[52]
BKM-TPE Pdots	UO_2^{2+}	0.05~100nmol/L	10.6pmol/L	[29]
Hf-ETTC-MOL	CEA	10^{-6}~1ng/mL	0.63fg/mL	[55]
Ca^{2+}@AuATP	Ca M	0.3~50μg/mL	0.1μg/mL	[56]

4.3　展望

即使处于起步阶段，聚集诱导电化学发光在过去的几年里取得的进展也是辉煌的，有趣的具体应用和丰富的结果已经证明了这个强大检测工具的应用潜力。聚集诱导电化学发光代表了一种策略，不仅能够克服传统电化学发光在水、生物和环境介质中应用的局限性，而且还能提高现有电化学平台的传感能力，能够在多样化的条件下检测更具挑战性的分析物。到目前为止，在聚集诱导电化学发光中只探索了少量的发光团。尽管发光团分子的光物理性能调控已经取得了长足的进展，但在应用方面仍存在着一些挑战。因此，扩展到更加多样化的发光物质为聚集诱导电化学发光提供支撑仍然需要进一步地去探索。同时，追求专门为聚集诱导电化学发光设计的发光体也具有无限的发展潜力。此外，对于聚集诱导电化学发光的机理还要借助先进的仪器和表征手段去进一步阐述，从而能够将这一新型电化学发光体系更加广泛地应用于化学、生物传感和诊疗领域。

参考文献

[1] Tu L, Xie Y J, Tang B Z, et al. Aggregation-induced emission: Red and near-in-fraredorganic light-emitting diodes[J]. SmartMat, 2021;2: 326-346.

[2] Qin A, Tang B Z. Special topic on aggregation-induced emission[J]. Science China Chemistry, 2018, 61: 879-881.

[3] Richter M M. Electrochemiluminescence (ECL)[J]. Chemical Reviews, 2004, 104 (6): 3003-3036.

[4] Verhoeven J W. Glossary of terms used in photochemistry (IUPAC Recommendations 1996)[J]. Pure and Applied Chemistry, 1996, 68(12): 2223-2286.

[5] Harvey N. Luminescence during electrolysis[J]. The Journal of Physical Chemistry, 2002, 33(10): 1456-1459.

[6] Hercules D M. Chemiluminescence resulting from electrochemically generated species[J]. Science, 1964, 145(3634): 808-809.

[7] Chandross E A, Visco R E. Electroluminescence in solutions of aromatic hydrocarbons[J]. Journal of the American Chemical Society, 1964, 86(23): 5350-5351.

[8] Bard A J, Santhanam K S V. Chemiluminescence of electrogenerated 9, 10-Diphenylanthracene anion radical1[J]. Journal of the American Chemical Society, 1965, 87(1): 139-140.

[9] Liu Z, Qi W, Xu G. Recent advances in electrochemiluminescence[J]. Chemical Society Reviews, 2015, 44(10): 3117-3142.

[10] Hao N, Wang K. Recent development of electrochemiluminescence sensors for food analysis[J]. Analytical and bioanalytical chemistry, 2016, 408: 7035-7048.

[11] Chen X, Cai Y, Jin Y, et al. Two-dimensional electrochemiluminescence on porous silicon platform for explosive detection and discrimination[J]. ACS Sensors, 2018, 3(8): 1439-1444.

[12] Shizu K, Uoyama H, Goushi K, et al. Highly efficient organic light-emitting di-

odes from delayed fluorescence[J]. Nature, 2012, 492(7428): 234-238.

[13] Shum J, Leung P K, Kam-Wing L K. Luminescent ruthenium (Ⅱ) polypyridine complexes for a wide variety of biomolecular and cellular applications[J]. Inorganic Chemistry, 2019, 58(4): 2231-2247.

[14] Dorohoi D O. Excited state molecular parameters determined by spectral means [J]. Ukrainian Journal of Physics, 2018, 63(8): 701-701.

[15] Dobretsov G E, Syrejschikova T I, Smolina N V. On mechanisms of fluorescence quenching by water[J]. Biophysics, 2014, 59: 183-188.

[16] Lakowicz JR. Principles of fuorescence spectroscopy[M]. New York: Springer SBM, 2013.

[17] Li L, Chen Y, Zhu J, et al. Nanomaterials-based sensitive electrochemiluminescence biosensing[J]. Nano Today, 2017, 12: 98-115.

[18] Wang A, Lei Y, Zhao M, et al. Electrochemiluminescence of supramolecular nanorods and their application in the "on-off-on" detection of copper ions[J]. Chemistry-A European Journal, 2016, 22(24): 8207-8214.

[19] Lam J W Y, Luo J, Xie Z, et al. Aggregation-induced emission of 1-methyl-1,2,3,4,5-pentaphenylsilole[J]. Chemical Communications, 2001 (18): 1740-1741.

[20] Tang B Z, Zhan X, Yu G, et al. Efficient blue emission from siloles[J]. Journal of Materials Chemistry, 2001, 11(12): 2974-2978.

[21] Tang B Z. Aggregation-induced emission[J]. Chemical Society Reviews, 2011, 40 (11): 5361-5388.

[22] Tong A, Tang W, Xiang Y. Salicylaldehyde azines as fluorophores of aggregation-induced emission enhancement characteristics[J]. The Journal of Organic Chemistry, 2009, 74(5): 2163-2166.

[23] De Cola L, Carrara S, Aliprandi, A, et al. Aggregation-induced electrochemiluminescence of platinum (Ⅱ) complexes [J]. J Am Chem Soc , 2018, 139: 14605-14610.

[24] Chi Y, Chen L, Wei J, et al. Tris (2,2'-bipyridyl) ruthenium (Ⅱ)-nanomaterial Co-reactant electrochemiluminescence [J]. ChemElectroChem, 2019, 6 (15): 3878-3884.

[25] Mao Z, Yang Z, Chi Z, et al. Recent advances in mechano-responsive luminescence of tetraphenylethylene derivatives with aggregation-induced emission properties[J]. Materials Chemistry Frontiers, 2018, 2(5): 861-890.

[26] Tang Z L, Liu J L, Zhang J Q, et al. Near-infrared aggregation-induced enhanced electrochemiluminescence from tetraphenylethylenenanocrystals: A new genera-

tion of ECL emitters[J]. Chemical Science, 2019, 10(16): 4497-4501.

[27] Cui Y, Huang H, Liu M, et al. Facile preparation of luminesscent cellulose nano-crystals with aggregation-in-duced emission feature through Ce(Ⅳ) redox poly-merization[J]. Carbohydrate polymers, 2019, 223: 115102.

[28] Gao H, Wang H, Liu H, et al. Aggregation-induced enhanced electrochemilumi-nescence from organic nanoparticles of donor-acceptor based coumarin derivatives [J]. ACS Applied Materials & Interfaces, 2017, 9(51): 44324-44331.

[29] Li Q, Wang Z, Pan J, et al. Improved AIE-active probe with high sensitivity for accurate uranyl ion monitoring in the wild using portable electrochemiluminescence system for environmental applications[J]. Advanced Functional Materials, 2020, 30(30): 2000220.

[30] Zhong X, Jiang M, Li S, et al. Electrochemiluminescence enhanced by restriction of intramolecular motions (RIM): Tetraphenylethylene microcrystals as a novel emitter for mucin 1 detection [J]. Analytical Chemistry, 2019, 91 (5): 3710-3716.

[31] Chai Y Q, Liu J L, Zhuo Y, et al. BSA stabilized tetraphenylethylenenanocrystals as aggregation-induced enhanced electrochemiluminescence emitters for ultrasensi-tive microRNA assay[J]. Chemical Communications, 2019, 55(67): 9959-9962.

[32] Wu Y, Zhang Y, Han Z, et al. Substituent-induced aggregated state electrochem-iluminescence of tetraphenylethene derivatives[J]. Analytical Chemistry, 2019, 91(13): 8676-8682.

[33] Li Q, Lv W, Yang Q, et al. Quaternary ammonium salt-functionalized tetraphe-nylethene derivative boosts electrochemiluminescence for highly sensitive aqueous-phase biosensing[J]. Analytical Chemistry, 2020, 92(17): 11747-11754.

[34] Geng B, Li S, Li J, et al. TPE based electrochemiluminescence for ALP selective rapid one-step detection applied in vitro [J]. Microchemical Journal, 2021, 164: 106041.

[35] Han Z, Zhang Y, Zhao Y, et al. Switching the photoluminescence and electro-chemiluminescence of liposoluble porphyrin in aqueous phase by molecular regula-tion[J]. AngewandteChemie International Edition, 2020, 59(51): 23261-23267.

[36] Ning X, Yang Z, Pu G, et al. J-Aggregates of zinc tetraphenylporphyrin: A new pathway to excellent electrochemiluminescence emitters[J]. Physical Chemistry Chemical Physics, 2019, 21(20): 10614-10620.

[37] Li Z, Han Q, Wang C, et al. Multifunctional zinc oxide promotes electrochemilu-minescence of porphyrin aggregates for ultrasensitive detection of copper ion[J]. Analytical Chemistry, 2020, 92(4): 3324-3331.

[38] Tang B Z, Zhao Z, He B. Aggregation-induced emission of siloles[J]. Chemical Science, 2015, 6(10): 5347-5365.

[39] Sun H, Han Z, Yang Z, et al. Electrochemiluminescence platforms based on small water-insoluble organic molecules for ultrasensitive aqueous-phase detection [J]. Angewandte Chemie International Edition, 2019, 58(18): 5915-5919.

[40] Du P, Gou J, Feng W, et al. Aggregation-induced electrochemiluminescence of tetraphenylbenzosilole derivatives in an aqueous phase system for ultrasensitive detection of hexavalent chromium [J]. Analytical Chemistry, 2020, 92 (21): 14838-14845.

[41] Wu J, Yang L, Koo D, et al. Benzosiloles with crystallization-induced emission enhancement of electrochemiluminescence: Synthesis, electrochemistry, and crystallography[J]. Chemistry-A European Journal, 2020, 26(51): 11715-11721.

[42] De Cola L, Moreno-Alcantar G, Aliprandi A, et al. Aggregation-induced emission in electrochemiluminescence: Advances and perspectives[J]. Aggregation-Induced Emission, 2021: 65-90.

[43] Miao T, Lv X, Xu X, et al. Aggregation-induced electrochemiluminescence immunosensor based on 9, 10-diphenylanthracene cubic nanoparticles for ultrasensitive detection of aflatoxin B1[J]. ACS Applied Bio Materials, 2020, 3(12): 8933-8942.

[44] Wei X, Zhu M J, Cheng Z, et al. Aggregation-induced electrochemiluminescence of carboranyl carbazoles in aqueous media[J]. Angewandte Chemie, 2019, 131 (10): 3194-3198.

[45] Wu S, Kang M, Zhou C, et al. Evaluation of structure-function relationships of aggregation-induced emission luminogens for simultaneous dual applications of specific discrimination and efficient photodynamic killing of Gram-positive bacteria [J]. Journal of the American Chemical Society, 2019, 141(42): 16781-16789.

[46] Li Z, Qin W, Liang G. A mass-amplifying electrochemiluminescence film (MAEF) for the visual detection of dopamine in aqueous media[J]. Nanoscale, 2020, 12(16): 8828-8835.

[47] Yan R Q, Gao T, Zhang J, et al. Aggregation-induced electrochemiluminescence from a cyclometalated iridium (Ⅲ) complex[J]. Inorganic Chemistry, 2018, 57 (8): 4310-4316.

[48] Miao W, Lu L, Zhang L, et al. Aggregation-induced electrochemiluminescence of the dichlorobis (1,10-phenanthroline) ruthenium (Ⅱ)(Ru (phen)$_2$Cl$_2$)/tri-n-propylamine (TPrA) system in H$_2$O-MeCN mixtures for identification of nucleic

acids[J]. Analytical Chemistry, 2020, 92(14): 9613-9619.

[49] Wei D, Yang L, Sun X, et al. Aggregation-induced electrochemiluminescence bio-conjugates of apoferritin-encapsulated iridium (Ⅲ) complexes for biosensing application[J]. Analytical Chemistry, 2020, 93(3): 1553-1560.

[50] Wang N, Wang Z, Feng Y, et al. Donor-acceptor conjugated polymer dots for tunable electrochemiluminescence activated by aggregation-induced emission-active moieties [J]. The Journal of Physical Chemistry Letters, 2018, 9 (18): 5296-5302.

[51] Gao H, Wang Z, Wang N, et al. Amplified electrochemiluminescence signals promoted by the AIE-active moiety of D-A type polymer dots for biosensing[J]. Analyst, 2020, 145(1): 233-239.

[52] Cui L, Yu, S, Gao W, et al. Tetraphenylenthene-based conjugated microporous polymer for aggregation-induced electrochemiluminescence[J]. ACS Applied Materials & interfaces, 2020, 12(7): 7966-7973.

[53] Carrara S, Stringer B, Shokouhi A, et al. Unusually strong electrochemiluminescence from iridium-based redox polymers immobilized as thin layers or polymer nanoparticles [J]. ACS Applied Materials & Interfaces, 2018, 10 (43): 37251-37257.

[54] Pan J B, Gao H, Zhang N, et al. Aggregation-induced electrochemiluminescence of conjugated pdots containing a trace Ir (Ⅲ) complex: Insights into structure-property relationships[J]. ACS Applied Materials & Interfaces, 2020, 12(48): 54012-54019.

[55] Liang W B, Yang Y, Hu G B, et al. An AIEgen-based 2D ultrathin metal-organic layer as an electrochemiluminescence platform for ultrasensitive biosensing of carcinoembryonic antigen[J]. Nanoscale, 2020, 12(10): 5932-5941.

[56] Zheng Y, Jiang H, Qin Z, et al. Aggregation-induced electrochemiluminescence by metal-binding protein responsive hydrogel scaffolds [J]. Small, 2019, 15 (18): 1901170.

[57] Shen Y, Zhang J, Xie H, et al. Facile synthesis of highly monodisperse EuSe nanocubes with size-dependent optical/magnetic properties and their electrochemiluminescence performance[J]. Nanoscale, 2018, 10(28): 13617-13625.

[58] Deng H, Peng H, Huang Z, et al. Dual enhancement of gold nanocluster electrochemiluminescence: Electrocatalytic excitation and aggregation-induced emission [J]. Angewandte Chemie International Edition, 2020, 59(25): 9982-9985.

第 5 章
电化学发光分析传感器

5.1　电化学发光一般分析方法

电化学发光方法代表着一种强大的分析技术，在过去的几十年里，越来越多的电化学发光测定法被用于检测各种目标分析物。总体而言，目前构建高灵敏电化学发光测定法的方法一般可分为五大类。第一，目标分析物通过能量转移或电子转移对电化学发光反应的抑制或增强作用。第二，通过氧化还原反应或表面结合/剥离增强或分解电化学发光体也是一种有效的传感方法。第三，通过生成或消耗反应物来改变电化学发光的策略，这主要是通过酶促反应来实现的。第四，来自生物识别反应或靶诱导沉积的空间位阻使得信号关闭电化学发光传感系统的发展成为可能。第五，电化学发光共振能量转移（ECL-RET）作为一种基于供体和受体重叠光谱的高效传感策略被广泛采用。

在电化学发光生物传感器的构建中，如何有效地实现信号放大并提高检测灵敏度是其如何更好地应用的关键性问题。在这些传感方法之后，各种信号放大策略被开发出来，以进一步提高电化学发光传感器的灵敏度。最常见的放大策略是使用多功能纳米材料。纳米材料具有较大的比表面积，可以作为电化学发光体或识别元件的电极材料或载体。此外，功能纳米材料不仅可以在催化活性、电导率和生物相容性之间产生协同效应，从而加速信号转变，还可以通过特殊设计的信号标签放大识别功能，实现高灵敏度的生物传感。到目前为止，不同种类的纳米材料已被广泛用于电化学发光信号放大，如碳基纳米材料（碳纳米管，石墨烯，碳点等），金属纳米材料（Au NPs，Ag NPs），其他无机或有机纳米材料（二氧化硅纳米颗粒，树状聚合物，金属-有机复合材料）。其中纳米材料主要被用作电极修饰材料、电化学发光信号或分子识别元件的载体和电化学发光信号显示器[1]。与此同时，一些催化反应也被广泛用于通过酶、酶模拟物或纳米催化剂信号来扩增电化学发光信号，如辣根过氧化物酶（HRP）和DNA酶。

一方面，纳米材料，特别是导电纳米材料，包括金属纳米颗粒和碳纳米管，被用作电极修饰材料，以增加检测到的电化学发光信号，这归因于改善非均相电子转移[2]或增加电极表面捕获探针数量的负载[3]。另一方面，以导电纳米材料和非导电纳米材料为载体加载电化学发光探针，可增加电化学发光信号。例如，在夹心电化学发光杂交实验中，聚苯乙烯微球捕获了大量电化学发光信号试剂，导致电化学发光信号显著增加。脂质体作为电化学发光信号试剂的载体进行信号放大是一种很有前途的方法（图5.1）[4]。释放电化学发光信号试剂后，可以在裸玻碳电极表面上进行电化学发光测量。此外，利用纳米材料特别是量子点作为电化学发光材料，可标记分子识别元件或构建电化学发光生物传感平台。

尽管在电化学发光生物传感中基于纳米材料扩增的研究论文已经发表了数千篇，但这一策略的实际应用还有很长的路要走。为了将该策略推广到实际应用，需要考虑纳米材料吸附、尺寸对生物亲和性的影响，纳米材料的可控合成以及纳米材料在电极和固体表面的可控组装。尽管这一领域的发展十分迅速，但对高灵敏度电化学发光平台的开发仍然有很大的需求。近年来，新的信号放大策略如雨后春笋般涌现，已成为电化学发光检测创新的主要推动力。

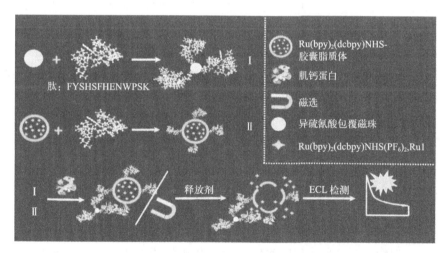

图 5.1 基于脂质体肽的电化学发光法测定心肌肌钙蛋白 I 的示意图[4]

5.2 新型传感器信号放大策略

目前，电化学发光的检测通常是基于单个发射强度的变化，由于仪器或一些环境因素的影响，假阳性或阴性误差可能干扰痕量分析物的检测准确性。因此，迫切需要寻求一种高效的电化学发光系统来最小化甚至消除这些干扰因素。比率分析法是一种理想的方法，通过自校正将环境变化归一化来限制干扰因素，其定量依赖于两个信号的比值而不是绝对值，近年来受到广泛关注。根据电化学发光的作用机理，比率电化学发光系统应包括双电位和双波长信号比值法。迄今为止，生物和化学分析大多采用双电位比率电化学发光方法。由于常用电化学发光传感器的发光强度和波长的限制以及对专用检测仪器的要求，双波长比率电化学发光在分析检测中很少得到发展。

由于大多数发光团的电化学发光强度不够强，因此绝大多数电化学发光检测采用的是共反应物促进的机制。在电化学发光系统中引入合适的共反应物可以显著增强电化学发光强度，有效提高检测灵敏度。这些共反应物大多是水溶性小分子，通常加到检测溶液中以放大电化学发光信号。然而，发光试剂与相应的共反应物之间的分子间相互作用存在稳定性差、电子转移效率低等缺点。此外，这些反应物的生物毒性和挥发性可能使操作复杂化，增加测量误差。基于此，最近提出了一种自增强电化学发光团，将活性电化学发光团与共反应物共价连接成一个分子，通过分子内相互作用产生增强的电化学发光信号。发光团与共反应物之间的分子内相互作用可以缩短电子的传输距离，提高发光的稳定性，从而提高发光效率。这些自增强方法为构建超灵敏的电化学发光系统检测目标分析物提供了新的思路。接下来详细介绍近几年在电化学发光生物传感器构建中的几种主要的信号放大策略。

5.2.1 利用不同纳米材料的固载与催化

纳米材料是指在三维空间中至少有一维处于纳米尺寸（1～100nm）或由它们作为基本单元构成的材料，这相当于10～1000个原子紧密排列在一起的尺度。纳米结构是一种基于纳米尺度物质单元的新体系，包括了纳米阵列体系、介孔组装体系和薄膜镶嵌体系。在这些体系中，纳米阵列体系是研究的重点之一。它指的是金属纳米微粒或半导体纳米微粒在一个绝缘衬底上整齐排列所形成的二维结构。通过控制微粒间距离和排布方式，可以实现对光电性能、传输特性等进行调控和优化。具有高度有序排列的纳米阵列结构不仅可以提供更大表面积用于吸附分子或反应物质，还能够改变材料原本的电子、光学等性质，并且具备许多潜在应用领域。例如，在光伏领域中，利用金属或半导体纳米颗粒组成的二维阵列结构可以增强太阳能电池对可见光的吸收效果；在传感器中，则可通过调节阵列间距离来对目标分子浓度及其检测灵敏度进行优化。此外，在生物医学领域中也存在着广泛应用前景。比如，将药物载入介孔组装体系中用薄膜镶嵌技术制备出超滤薄膜以过滤水处理系统中难以去除的微小污染物等。总之，研究和开发纳米结构带来了许多创新机遇与挑战，并为我们提供了更多可能性来改善材料功能、推动科学进步并解决社会问题。而纳米微粒与介孔固体组装体系由于微粒本身的特性，以及与界面的基体耦合所产生的一些新的效应，也成为了研究热点，按照其中支撑体的种类可将它划分为无机介孔复合体和高分子介孔复合体两大类，按支撑体的状态又可将它划分为有序介孔复合体和无序介孔复合体。纳米材料的性质与这些基本结构单元的特性紧密相关。在生物电分析方面，纳米材料的作用还可以从以下几个方面进一步扩充。首先，由于纳米材料的高度可调控性和高表面活性，可以通过改变其形貌、尺寸和结构来实现对生物分子的选择性吸附和识别。这使得纳米材料成为制备高灵敏度、高选择性的生物传感器的理想载体。其次，纳米材料不仅能够提供大量有效载体表面积以增强生物分子与电极之间的接触，并且还能够通过修饰表面化学特性来调节界面反应速率，这种优势使得纳米材料在电化学检测中具有更快速、更灵敏的响应特性。此外，由于纳米材料本身具有较小尺寸效应和量子效应，在电化学过程中能够提供更多活跃位点，并且促进了电荷传输过程。因此，利用纳米材料作为催化剂或载体可以显著提高催化反应的速率和效果。值得注意的是，在生物电分析领域中使用纳米材料还存在一些挑战与机遇。例如，在设计合成过程中需要考虑到对环境友好及安全问题；同时也需要解决如何稳定固定并保持其良好导电性等技术难题。然而，随着科技发展与研究深入推进，相信我们将会看到越来越多基于纳米材料的创新方法被广泛运用于生物电分析领域，并为相关疾病早期诊断、治疗及健康监测等方向带来重要突破。

贵金属纳米材料是指 Au、Ag、Pt、Pd 等一类纳米尺寸级别的材料。它们具有优良的导电性、生物兼容性及电催化活性，被广泛地用于电化学发光、生物传感器的构建[5-7]。其中，贵金属纳米簇是一种具有极高代表性的金属纳米材料，在电化学发光和生物传感器领域应用广泛。由于贵金属纳米簇本身具备出色的发光特性，可以直接用于电化学发光技术中。通过将贵金属纳米簇作为荧光探针或标记物，可以实现对目标分子的高灵敏度检测和定量分析。这种基于贵金属纳米簇的电化学发光方法不仅具有快速、准确、灵敏等优点，还能够满足复杂样品体系下的检测需求。此外，在生物传感器构建方面，贵金属纳米簇也扮演着重要的角色。通过固载贵金属纳米簇到传感器平台上，并利用其催化功能进行信号放大和增强反应效率，可以提高生物传感器的检测灵敏度和选择性。同时，由于贵金属纳米簇具备较大的比表面积和丰富的活性位点，在催化反应中展现出卓越的催化活性和稳定性。未来随着科技进步与创新不断推进，相信我们对于这些材料及其在相关领域中作用机制的理解会更加深入，并带来更多潜力巨大的应用前景。

半导体纳米材料和磁性纳米材料也是电化学发光生物传感器中应用非常广泛的材料[8-10]。半导体纳米材料作为一种重要的材料，在电化学发光传感器领域具有广泛的应用前景。其中，量子点是最典型的代表之一。量子点具有独特的电化学发光性质，可以通过简单的修饰和后处理方法进行功能调控，并直接应用于电化学发光传感器的构建中。与此同时，磁性纳米材料在相关材料及传感器制备过程中也扮演着重要角色。这些磁性材料主要被用于分离和提取目标物质，以实现对样品中目标成分的高效分离和富集。某些磁性材料还具有双重作用，不仅能够实现有效的分离，还能够展示出优异的电化学发光和催化活性。因此，在纳米科技领域中，半导体纳米材料和磁性纳米材料都扮演着至关重要的角色。它们不仅拓宽了电化学发光传感器的应用范围，并且在相关领域中起到了推动创新、提高检测灵敏度等的积极作用。随着科技进步和人们对环境监测、生物医药等领域需求日益增长，相信这两类纳米材料将会得到更加广泛而深入的研究与应用。Dong 等人[11] 合成了 CdSe@ZnS 复合量子点，并将其作为能量受体，鲁米诺作为能量供体，构建了电化学发光适体传感器。

5.2.2 引入生物相关辅助放大策略

生物相关辅助放大策略，如酶催化、DNA 相关信号放大手段，是在生物传感器中应用非常广泛的一类方法[12-13]。Chen 等人[14] 基于目标 DNA 链引发的杂交链式反应（HCR）在电极表面制备了大量的且无限延伸的 DNA 双链结构，所形成的大量双链结构为发光物质邻菲咯啉钌 $[Ru(phen)_3^{2+}]$ 提供了丰富的嵌入位点，显著提高了 $Ru(phen)_3^{2+}$ 在电极表面的固载量，从而明显提高了目标 DNA 的检测灵敏度及检测效率。Xu 等人[15] 在溶液中以 Fe_3O_4/Au NPs 复合纳米材料为支撑，经夹心免疫反应和 Pb^{2+} 剪切后将目标抗原（cTnI）的浓度转化为间接检测物 DNA 分子步行器（DNAwalker）的浓度。然后，在电极表面通过 Au—S 键将修饰有二茂铁的 DNA 双链组装在镀金玻碳电极上，并嵌入大量的发光物质吡啶钌。此时，因二茂铁对多吡啶钌电化学发光信号的猝灭作用，体系的电化学发光信号极低。当将所制备的 DNA 分子步行器滴加到电极表面之后，DNAwalker 与二茂铁修饰的 DNA 互补配对，经核酸内切酶识别、剪切后，DNAwalker 继续与下一段二茂铁修饰的 DNA 互补配对，从而再次被核酸内切酶识别、剪切。重复多次后，二茂铁修饰的 DNA 被先后剪切掉，多吡啶钌的电化学发光信号得到恢复。通过上述方法，构建了一种基于 DNAwalker 的"关-开"型电化学发光免疫传感器，通过目标检测物 cTnI 到间接检测物 DNA 分子步行器的转化，得到电化学发光信号强度与 cTnI 的定量关系，最后实现了对 cTnI 的高灵敏检测。

5.2.3　探索新型高效的电化学发光试剂和共反应剂

电化学发光是一种基于电化学反应产生的发光现象，其实质是通过特定的试剂和共反应剂来实现。目前，研究和应用最广泛的电化学发光试剂主要包括有机发光试剂、无机发光试剂以及纳米材料发光试剂。有机发光试剂方面，酰肼化合物、多环芳烃、吖啶化合物和过氧草酸盐等被广泛使用。这些有机物具有较高的荧光量子产率和较长的寿命，在电极表面进行修饰后能够有效地增强电流信号，并且对环境友好。无机发光试剂主要包括钌配合物和铱配合物。这些金属配合物具有良好的稳定性和较高的量子效率，在生命科学领域中得到了广泛应用。它们可以通过调节金属离子与配体之间的相互作用来改变其荧光性质，从而满足不同检测需求。纳米材料作为新型的发光试剂在近年来受到了极大关注。半导体量子点、贵金属团簇、碳纳米材料、金属有机框架以及聚合物点等都展示出优异的荧光性能。由于其尺寸可控性强、表面活性高以及生物相容性好等特点，成为了生命分析技术中重要组成部分。除了选择适当类型的电化学发光试剂外，共反应剂也起着至关重要的作用。常见使用胺类（如三丙胺）、过氧化氢（H_2O_2）以及过硫酸盐（$S_2O_8^{2-}$）等。这些共反应剂能够促进或催化电化学反应，并提供必要条件使得电流信号转换为明亮而稳定持久的荧光信号。然而，随着科技不断进步，人们对更高效、更稳定并且功能更强大的发光试剂仍然追求不止。同时也需要开展针对共反应剂方面新型材料或方法的研究工作，旨在获得毒性更小但催化活性更强劲的共反应剂。例如，Chen 等人[16] 用低毒性的纳米金修饰所制备的具有层状结构的 g-C$_3$N$_4$，得到 Au-g-C$_3$N$_4$ NHs 复合纳米材料。然后，直接将该纳米复合物修饰于电极表面并固载上抗体，然后将高活性共反应剂过硫酸根（S$_2$O$_8^{2-}$）置于检测底液之中，制得了新型检测癌胚抗原（CEA）的免标记型电化学发光免疫传感器。

5.2.4　提高发光试剂与共反应剂的固载并改善二者的作用效率

Liao 等[17] 使用含具有良好成膜性质的全氟磺酸-聚四氟乙烯（Nafion）的纳米混合溶液修饰电极，经静电吸附将发光试剂 Ru(bpy)$_3^{2+}$ 固载于电极表面，再修饰上纳米金之后即可固载一抗蛋白。在这项研究中，科学家们采用了一种新的方法来固载二抗蛋白。他们利用共反应剂聚乙烯亚胺（PEI），并将其负载于碳纳米管上。这种方法不仅可以提高二抗蛋白的稳定性和活性，还能够增强其与目标分子之间的结合力。此外，由于 PEI 具有良好的生物相容性和细胞渗透性，在药物传递等领域也有广泛应用前景。因此，该研究为开发更有效、更安全的治疗手段提供了新思路和技术支持。这项研究的结果对于医学领域具有重要意义。首先，通过深入探索相关机制和分子途径，该研究揭示了潜在的治疗靶点，并为进一步展开相关药物设计和临床试验奠定了基础。其次，该研究采用创新的技术手段，在实验模型中验证了治疗效果，并证明其可行性和可靠性。这将有助于加速转化医学领域的科学成果，并推动新药物或治疗方法的快速应用。此外，该研究还提供了理论依据和实践经验，为其他相关领域的科学家们提供参考与借鉴。例如，在癌症治疗方面，该项成果可能会启发其他团队寻找类似机制并进行相应改进；在神经系统退行性变性疾病方面，则可以引导后续工作关注特定蛋白质或信号通路等方面。总之，这项具有突出意义的科学成果不仅拓宽了我们对某种特定情况下治愈方式认识范畴，也为未来医学发展指明道路，促使人们对现有问题进行重新审视与解决。经夹心免疫反应后，制得了信号增强型的检测人绒毛膜促性腺激素（HCG）的电化学发光免疫传感器。

5.3 电化学发光分析的实际应用

5.3.1 金属离子检测

金属离子的缺乏和过量都会导致体内平衡失衡，从而导致严重的疾病。因此，开发准确、可靠的金属离子特异性鉴定方法在化学和生物领域具有重要的意义。在众多的金属离子中，铅离子（Pb^{2+}）是危害最大的金属污染物之一，毒性和持久性突出，对许多生物组织和环境构成巨大的潜在威胁[18]。因此，快速、灵敏地检测 Pb^{2+} 对环境保护和疾病防治十分重要。近年来，传感器的构建方法取得了巨大的成功，实现了对金属离子的高度特异和灵敏检测。在金纳米枝晶（Au NDs）修饰的氧化铟锡（ITO）电极上固定硫化镉量子点捕获探针，构建了针对 Pb^{2+} 的传感器。Pb^{2+} 诱导脱氧核酶（DNAzyme）活化后，Ag/ZnO 偶联结构靠近电极表面，催化阴极电化学发光的共反应物过氧化氢的还原，导致电化学发光强度降低。Yuan 等人利用在玻碳电极表面上原位电聚合的氮掺杂碳点（N-CDs）作为发光团，Pd-Au 六面体（Pd@AuHOHs）作为促进剂构建了电化学发光生物传感器，用于检测细胞内的 Pb^{2+}。该研究在 N-CDs 修饰电极上形成了 Pd@AuHOHs-DNA 树枝状大分子，可以以 Pb^{2+} 稳定的 G4 结构形式偶联 Pb^{2+}。因此，Pb^{2+} 猝灭了 N-CDs 的电化学发光。在另一工作中，Yuan 课题组证明了从 $O_2/S_2O_8^{2-}$ 到一种氨基端苝衍生物（PTC-NH_2）的新型 ECL-RET 体系，然后构建用于 Pb^{2+} 检测的比例适体传感器。通过生成 G-四重结构，获得了 Pb^{2+} 主导 PTC-NH_2 量的 ECL-RET 开关。供体/受体峰强度的比值可受 Pb^{2+} 浓度的影响，从而实现对 Pb^{2+} 的定量检测。由于 DNAzyme 可以通过金属离子的特异性裂解位点构建离子响应型生物传感器，因此基于 DNAzyme 的特异性识别，提出了各种传感方法用于金属离子的灵敏测量[19]。例如，通过 DNAzyme 底物的层层杂交，一个复杂的 DNA 微球可以在其双链 DNA（dsDNA）中加载丰富的 $[Ru(dcbpy)_2dppz]^{2+}$ 分子的电化学发光指标，以输出初始电化学发光信号（图 5.2）。然而，Pb^{2+} 触发的圆切割导致 DNA 基质破坏和电化学发光团的释放，导致 Pb^{2+} 检测的"关闭"电化学发光信号[20]。纸作为一种低成本、储量丰富且便于携带的材料，近年来已被广泛应用于制造有前景的纸基芯片。以 DNAzyme 功能化还原氧化石墨烯-PdAu-葡萄糖氧化酶纳米复合材料为信号材料，制作了一种集成的纸上实验室装置，实现了电化学发光和比色双模传感对 Pb^{2+} 的灵敏检测[21]。由于微流控纸上实验室分析装置能够满足护理点检测小型化和自动化的要求，因此，以 DNAzyme 为特定传感单元，以凤凰树果实状 CeO_2 纳米材料为标签，催化发光氨/H_2O_2 电化学发光体系，制备了一种基于纸上三维微流控装置，用于 Pb^{2+} 的检测[22]。此外，通过 Pb^{2+} 特异性适配体的各种传感平台也可以实现对 Pb^{2+} 的特异性识别和捕获。例如，Pb^{2+}-G-四重体的产生驱动了二茂铁（Fc）标记序列的释放，因此提出了一种用于 Pb^{2+} 测定的开启电化学发光策略[23]。在另一项工作中，采用 PDs 和罗丹明 B 制备了一种新的 ECL-RET 系统，然后将其应用于制造用于 Pb^{2+} 检测的电化学发光感应传感器[24]。

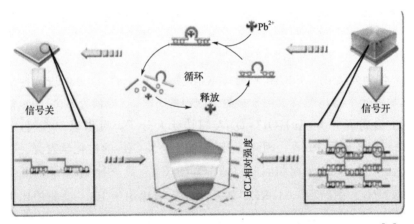

图 5.2　DNA 微粒子载体上 Pb^{2+} 超灵敏电化学发光传感器策略示意图[20]

　　即使在低浓度水平，汞的接触也会对人类和野生动物造成许多不利的影响。因此，汞离子（Hg^{2+}）的灵敏检测对环境风险评估和人类健康保护至关重要。具有胸腺嘧啶-Hg^{2+}-胸腺嘧啶（T-Hg^{2+}-T）碱基对的 ds-DNA 具有更容易的电荷转移，可以加速电子转移，增加电化学发光强度。电化学发光信号的增加与 Hg^{2+} 浓度呈对数线性关系。Huang 等人通过在 Au NPs 修饰的 ITO 电极表面自组装汞特异性寡核苷酸，制备了一种灵敏的电化学发光生物传感器，用于检测 Hg^{2+}。Hg^{2+} 通过 T-Hg^{2+}-T 配位结合可诱导寡核苷酸由线状链向发夹状构象转变。双功能寡核苷酸作为 Hg^{2+} 的探针，同时也是多个电化学发光信号产生分子偶联的载体。 Hg^{2+} 的检出限为 5.1pmol/L，并且不受其他 10 种金属离子的干扰。利用 T-Hg^{2+}-T 之间强而稳定的相互作用，以及 Hg^{2+} 对 N-(氨基丁基)-N-(乙基异亮醇)电化学发光的猝灭作用，成功研制了一种检测 Hg^{2+} 的电化学发光感应传感器。胸腺嘧啶-胸腺嘧啶（T-T）不匹配的 DNA 双链可以特异性捕获 Hg^{2+}，形成 T-Hg^{2+}-T 复合物，广泛用于 Hg^{2+} 传感[25-26]。例如，靶 Hg^{2+} 作为连接两条单链 DNA （ssDNA）的桥梁，形成刚性 DNA 双链，使最初的 ssDNA 离开 AuNPs 表面。裸 Au NPs 进一步催化电化学发光反应，输出电化学发光信号。Babamiri 等人利用 CdTe@CdS/PAMAM 树突状电化学发光探针，通过特异性形成 T-Hg^{2+}-T 复合物，释放 Au NPs 猝灭剂，实现了原子摩尔 Hg^{2+} 的检测。此外，由 Hg^{2+} 触发的 DNA 机器产生的富含鸟嘌呤的长 dsDNA 为 Ag^{+} 的嵌入提供了特定的位点。考虑到 Ag^{+} 能有效催化 3，4，9，10-苝四羧酸 （PTCA）-$S_2O_8^{2-}$ 电化学发光体系，进而观察到一个极强的电化学发光信号，用于检测 Hg^{2+}[27]。

铜离子 （Cu^{2+}） 作为人体必需的微量营养素，与多种疾病密切相关。因此， Cu^{2+} 的灵敏检测是非常重要的。以叠氮 （N_3） 基团为官能团的磁性 $CoFe_2O_4$ NPs 可以被 Cu^{2+} 定量地催化，通过点击化学连接炔标记的前体 DNA。随后，前体 DNA 触发杂交链反应 （HCR），生成丰富的 dsD-NA，用于嵌入氨基端苝衍生物 （PTC-NH_2），输出电化学发光信号[28]。由于有效的电化学发光猝灭作用，羧基功能化 PDs 被用作高效的电化学发光探针，从而用于检测痕量的 Cu^{2+}。

铁离子 （Fe^{3+}） 在生物和环境系统中具有重要的氧吸收和代谢作用。因此，如何有效地检测 Fe^{3+} 已成为许多领域的重要问题[29]。利用 Fe^{3+} 对两种电化学发光体 （含氰乙烯的 PDs 和卟啉纳米球氧化石墨烯复合材料）的直接电化学发光猝灭作用，进行了 Fe^{3+} 的超灵敏和选择性测定。

分子印迹技术作为一种新型的分离技术，具有对靶分子高度选择性识别的特点，受到了广泛的关注。然而，金属离子相对较小，并且具有太多的结构相似性。由于钴离子 （Co^{2+}） 作为维生素 B12 的关键成分对维持生命至关重要，因此有效检测微量 Co^{2+} 在临床诊断中是必要的。为此，设计了牛血清白蛋白-金属配位和分子印迹聚合物的双重识别来制造分子印迹聚合物（MIP）电化学发光传感器，从而实现超痕量 Co^{2+} 的检测[30]。Li 等人制作了一种用于 Co^{2+} 检测的双电位比率型电化学发光传感器。氮掺杂石墨烯量子点（NGQDs）在溶解氧的参与下可以发出正负两个电位的电化学发光信号。在 Co^{2+} 存在下，NGQDs 的阳极电化学发光强度显著增加（放大约 15 倍），而阴极电化学发光强度明显降低。根据两种电化学发光强度的比值，研制了一种 Co^{2+} 传感器，并应用于水中 Co^{2+} 的检测。

当干扰金属离子的浓度比目标金属离子的浓度高几倍时，在实际样品检测中几乎无法区分是哪种金属离子改变了电化学发光信号。Zhang 等人报道了双电化学发光信号可以分别由石墨相聚合物氮化碳纳米片在阳极和阴极电位下的不同电化学发光反应驱动。他们发现，不同的金属离子在不同的驱动电位下对电化学发光信号表现出不同的猝灭/增强，这可能是因为金属离子与石墨相聚合物氮化碳（GPPCN）纳米片之间的能级匹配不同，以及电化学发光反应中中间物质的催化相互作用。基于初步的"指纹图谱"（电化学发光分别在阴极电位和阳极电位下猝灭或增强）以及电化学发光强度与不同金属离子浓度之间的线性关系，可以在很大程度上避免假阳性结果，而无需标记和掩蔽试剂。在阴极电位范围内，Ni^{2+} 表现出最高的猝灭效率。同时，与大多数金属离子不同，Ni^{2+} 可以增强 GPPCN的阳极电化学发光强度。因此，将提出的 GPPCN 双电化学发光信号应用于自来水和湖水中痕量 Ni^{2+} 的检测，检测限为 1nmol/L。

5.3.2 小分子的检测

近年来，随着科学技术的不断发展，各种小分子的定量检测和分析策略层出不穷。其中，多巴胺（DA）作为一种重要的神经递质，在哺乳动物中枢神经系统和内分泌系统中扮演着至关重要的角色。它参与了许多生理过程，如运动控制、情绪调节、奖赏机制等。准确、灵敏地检测多巴胺对于预测和诊断与其相关的神经系统疾病具有重要意义。例如，帕金森病是一种常见的神经退行性疾病，患者通常会出现多巴胺水平下降导致的运动功能障碍等临床表现。通过对多巴胺水平进行准确监测和评估，可以及早发现并诊断这类疾病，并采取相应治疗措施。此外，在精神科领域中也广泛应用到了对多巴胺水平进行检测。例如，在抑郁症或焦虑症等心理健康问题中，人们往往会观察到与多巴胺相关的异常变化。因此，通过准确地检测和分析多巴胺水平可以提供客观依据，并辅助医生进行更加精准有效的治疗方案选择。总之，随着对小分子定量检测和分析策略不断深入探索和完善，我们能够更好地认识到多巴胺在人体内所起到的重要作用，并将其应用于 DA 相关神经系统疾病预防、预测以及诊断上面具有积极意义。Han 等人发现了一种介孔二氧化硅（SBA-15）的阳极电化学发光体系，它与溶解氧的反应物作为有效的发光体来检测 DA[31]。在另一项工作中，制造了分子印迹膜，用于特异性识别 DA，并根据其对 NaYF$_4$：YbTm 上转化纳米颗粒的电化学发光的猝灭作用进行了量化[32]。在常规体检中，人体血液或尿液中的经典生物小分子如多巴胺、抗坏血酸（AA）、尿酸（UA）、胆固醇、肌酐（Cre）等是重要的生理指标，其准确可靠的测定对各种疾病的评价具有重要意义。基于直接猝灭效应，这些生物小分子可以通过电化学发光技术以一种简单的非标记方式进行灵敏的检测。例如，Li 等人利用聚乙亚胺功能化的 N-CQDs 作为 Ru(bpy)$_3^{2+}$ 纳米片的共反应物，构建了用于 DA 测定的固态电化学发光传感平台[33]。如前所述，以香豆素衍生物为基础的有机纳米晶（NPs）以 TPrA 为共反应物表现出强烈的聚集诱导电化学发光。在这个系统中，AA、UA 和 DA 的存在都导致了聚集诱导电化学发光的猝灭，表现出了一种"关闭"的分析策略[34]。为了更精确地检测人血清中的 AA，他们提出了一种基于 g-C$_3$N$_4$ 量子点的单电化学发光体以及 S$_2$O$_8^{2-}$ 和四丁基溴化铵的双反应物的内标方法[35]。在另一项工作中，石墨烯-CdTe 量子点与自增强 Ru（Ⅱ）-三(2-氨基乙基) 胺复合材料，通过两个电位分辨的电化学发光建立了比例电化学发光生物传感平台，以准确定量 DA[36]。利用 CeO$_2$-N 掺杂石墨烯纳米复合材料和胆固醇氧化酶（ChOx）的协同催化作用，通过加速发光氨的电化学发光反应建立了胆固醇传感平台[37]。同时，Babamiri 等人制作了一种 MIP 电化学发光生物传感器，以镍纳米团簇为高效电化学发光团，用于纳米分子水平的 Cre 的检测。

电化学发光共振能量转移（ECL-RET）策略因其背景低、操作简单、量化准确等优点被广泛用于构建电化学发光传感器[38]。例如，Han 团队提出了一种双齿 ECL-RET 受体传感器，以 MIL-53（Fe）@CdS-PEI 复合材料作为电化学发光传感器，Pt NPs 作为电化学发光猝灭剂，用于特异性检测卡那霉素和新霉素[39]。此外，Xia 等人提出了一种双刺激响应双猝灭的鱼腥藻毒素 a（ATX-a）感应传感器，检测限很低，为 $0.34\mu g/mol$[40]。研究通过包裹 Ag NPs 外壳的 Ru-MOF（供体/受体 1）与 DNA-二茂铁（Fc）（受体 2）之间的 ECL-RET 实现了双重猝灭，双刺激响应的 DNAzyme 促进了靶标 ATX-a 和 H_2O_2 的准确信号切换（图 5.3）。

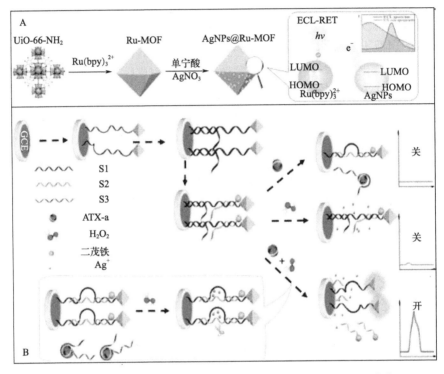

图 5.3　Ag NPs@Ru-MOF 原位生成及 ECL-RET 进展示意图[40]

在电化学氧化还原过程中，合适的电极材料有利于激发发光体和自由基的产生。具有良好的导电性和优异的催化性能的多孔碳纳米材料已被用作电化学发光生物测定的电极基质[41-42]。Cheng 等人将聚丙烯腈、聚乙烯吡咯烷酮和磷酸的混合溶液进行静电纺丝碳化，制备了 N、P 共掺杂多孔碳纳米纤维（N, P-PCNFs）。然后以 N，P-PCNFs 为电极基质，构建了用于赛庚啶检测的电化学发光传感器。Tian 等人设计了一种以 Fe/N 掺杂的 PCMs 为电极基体，鲁米诺为电化学发光体的超灵敏电化学发光传感器，用于痕量 H_2O_2 的定量分析，可以加速电子转移，提高电催化活性。以 O_2 和 $K_2S_2O_8$ 为共反应剂，在 Fe/N 掺杂 PCMs 构建的电极上扩增，显著促进了 CdS 量子点的电化学发光，建立了超灵敏检测土霉素的电化学发光传感器[43]。

农药残留检测对食品安全至关重要，因为许多常见的农药被滥用并造成了不良影响。有机磷农药（OPs）作为一种被广泛使用的农药，由于使用不当造成了巨大的环境污染和严重的人体健康问题。在现代农业生产中，为了提高作物产量和保护植物免受害虫侵害，化学合成农药得到了广泛应用。然而，在过度追求经济效益的情况下，一些不法商贩或者种植者可能会滥用这些化学合成农药，并超出推荐剂量进行施用。这样一来，大量有机磷类农药就会进入土壤、水源以及食物链中。有机磷类农药具有较强的毒性和持久性，在环境中难以降解。长期暴露于含有高浓度有机磷类残留物的土壤或水源中，将导致生态系统失衡，并危害其他生物群体。同时，在食品链层级逐渐升高时，人们摄入含有残留有机磷类化合物较多的食品也会面临健康威胁。科学研究表明，长期接触高浓度有机磷类残留物可能引发神经系统损伤、呼吸系统问题等。尤其是孕妇、婴幼儿和老年人等特定群体更容易受到其影响。因此，在确保食品安全方面加强对于农产品中残留有机磷类化合物检测工作显得尤为重要。只有通过建立完善可靠的检测方法与标准才能有效地监控并控制这些潜在危害因素带来的风险。同时也需要加强对于种植者和消费者教育与培训工作，提倡科学施用，推动可持续发展型现代化智能粮田建设，从根本上减少对于化学合成农药的需求，实现真正意义上的绿色农业生产。因此，可靠的痕量有机磷的分析方法在现代社会中变得越来越重要。以 PFO 量子点和 CdTeQDs-rGO 作为两种潜在的可溶解电化学发光基团，研究者们提出了一种溶解氧气（O_2）介导的比率型电化学发光生物传感器，该传感器分别以双酶催化反应乙酰胆碱酯酶和胆碱氧化酶产生的 H_2O_2 和溶解 O_2 为其反应物，精确检测 OPs[44]。

滥用瘦肉精已造成多起中毒事件，因为它经常被非法添加到动物饲料中以提高瘦肉百分比。这种不负责任的行为严重威胁了公众的健康和安全。由于滥用瘦肉精导致的食品中毒事件屡见不鲜。首先，滥用瘦肉精对人体健康产生了直接危害。研究表明，长期摄入含有过量瘦肉精的食品会引发一系列健康问题，如心血管系统紊乱、内分泌失调等。尤其是儿童、孕妇和老年人更容易受到影响，并可能出现严重后果。其次，在养殖业方面也带来了诸多问题。滥用瘦肉精不仅违反了养殖业规范和道德准则，还损害了农民利益。许多农民在追求快速增长和高收益时选择使用非法添加剂，但他们并未意识到这样做既违法又有潜在风险。基于此，以电沉积还原氧化石墨烯为电极衬底，转换纳米发光材料为 $NaYF_4$：Yb，Er 为电化学发光体，分子印迹膜为识别片段，开发了一种用于选择性超灵敏检测瘦肉精的猝灭型 MIP 电化学发光传感器[45]。

双酚 A（BPA）是聚合物产品中的主要单体，被认为是一种危险的内分泌干扰物，即使是低剂量也会对人体健康造成危害。电加热电极通过对适体的特定识别和温度依赖的 HCR 实现了敏感的 BPA 传感。通过加热电极精确控制温度，提高了目标识别和 HCR 反应效率，极大地提高了分析性能[46]。

随着人们环保意识的增强，对有毒有害化学成分或气体的监测引起了广泛关注[47]。在工业生产中，硫酚是一种常用的原料，被广泛应用于制药、农药、染料等领域。然而，尽管其具备一定的实用价值，但硫酚也存在着严重危害人体健康的风险。首先，在接触硫酚过程中，人们可能会吸入其释放出来的有害气体。这些气体包括二氧化硫和苯并芘等物质，在高浓度下会对呼吸系统造成刺激和损伤，并且长期暴露还可能导致慢性呼吸道疾病。此外，直接接触硫酚也会对皮肤和眼睛造成伤害。由于其具有腐蚀性质，与皮肤或眼部黏膜接触后可引起灼烧感、红肿甚至溃疡形成。因此，在使用或处理含有硫酚的产品时必须采取适当防护措施以避免不良反应发生。另外需要注意的是，摄入过量的硫酚也会对内脏器官产生严重影响。大量摄入可导致胃肠道功能紊乱、恶心呕吐等消化系统问题，并且长期积累可能损伤肝，在日常生活中我们要加强对含有硫酚及相关产品安全使用方面知识的了解，并提高自我保护意识。同时，在工业生产过程中要加强监测与管理措施，减少环境污染和人身伤害风险。只有通过共同努力才能确保我们居住环境更加安全健康，并为未来子孙后代留下一个美好地球家园。因此，迫切需要实时、准确地检测硫酚的方法。Kim 等人设计了一种环金属化铱（Ⅲ）配合物，其电化学发光可以被硫酚特异性地打开。结果表明，该配合物可用于噻吩的快速检测。硫化氢（H_2S）作为一种主要的大气污染物和内源性气体信号分子，在生理和环境上对 H_2S 浓度的准确检测日益引起人们的关注。研究人员首先设计了一种基于光谱漂移的电化学发光系统，该系统以 RuSiO$_2$@GO 为电化学发光纳米传感器，CouMC 分子为 H$_2$S 敏感内滤吸收剂。此外，CouMC 与 H$_2$S 的特异反应导致 RuSiO$_2$@GO 的电化学发光光谱蓝移。考虑到电化学发光光谱相对于电化学发光强度是一个更可靠的指标，易受电极钝化和电极间非均匀性的影响，所提出的电化学发光光谱移位策略在连续扫描过程中表现出较高的稳定性，从而大大提高了可重复性[48]。

H$_2$S 被认为是一种内源性气体信号分子，近年来人们对 H$_2$S 的检测越来越感兴趣。Ye 等人利用一种新型钌配合物 [Ru(bpy)$_2$(bpy-DPA)]$^{2+}$（其中 bpy=2,2'-联吡啶，bpy-DPA=4-甲基-4'[N,N'-双(2 吡啶基)胺亚甲基]-2,2'-联吡啶）作为识别单元，构建了一种基于反应的电化学发光传感器，用于选择性检测大鼠脑细胞外的 H$_2$S。[Ru(bpy)$_2$(bpy-DPA)]$^{2+}$ 的电化学发光可以被 Cu^{2+} 猝灭，形成 [Ru(bpy)$_2$(bpy-DPA)Cu]$^{4+}$。[Ru(bpy)$_2$(bpy-DPA)Cu]$^{4+}$/Nafion/GCE 与挥发性 H$_2$S 反应后，由于硫与 Cu^{2+} 之间的高亲和力，电化学发光信号增强，返回到 [Ru(bpy)$_2$(bpy-DPA)]$^{2+}$/Nafion/GCE。在 0.5～10μmol/L 范围内，电化学发光信号随 Na$_2$S 浓度的变化呈线性关系，检测限为 0.25μmol/L（图 5.4）。

林可霉素是一种广谱型抗生素，主要用于治疗革兰氏阳性菌感染。它能够有效地杀灭细菌，但同时也会对人体造成一定的损伤。其中最常见的副作用是导致肾功能的不全，这可能会导致患者出现尿量减少、血肌酐升高等症状。此外，林可霉素还存在着一个严重的问题—耐药性。由于其过度使用和滥用，越来越多的细菌开始对该药物产生耐受性，并逐渐演变为超级细菌。因此，建立对林可霉素的高灵敏和选择性检测的分析方法十分必要。由于纳米棒存在等离子体效应，它的引入会使得聚苯胺修饰的苝四羧酸二酐的电化学发光信号明显地增强。基于以上现象，研究者们设计了一种电化学发光传感器用于林可霉素的定量检测。该传感器的检出限为 0.026ng/mL，远低于已有的分析方法。

近年来，随着科学技术的不断进步，越来越多与疾病相关的小分子作为临床诊断标记物被发现和研究。其中一种重要的小分子是谷胱甘肽（GSH）。它是一种具有巯基的非核酸三肽，在临床医学中起到了重要的提示作用。它可以作为一个生物标记物，帮助医生判断患者是否存在某些

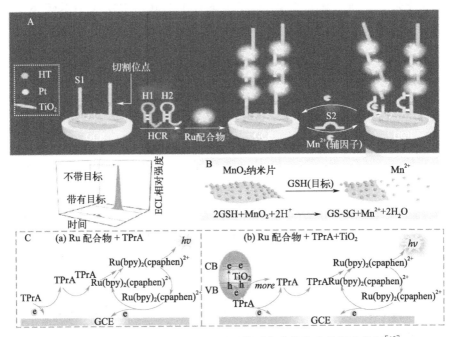

图 5.4　Ru 配合物/TPrA/TiO₂ 三元体系电化学发光检测硫化氢[48]

特定疾病。例如，谷胱甘肽水平异常地升高可能与癌症、获得性免疫缺陷综合征（艾滋病，HIV）以及牛皮癣等多种常见或罕见疾病相关。在癌症诊断方面，许多类型的恶性肿瘤都会导致体内谷胱甘肽水平升高。这是因为癌细胞的增殖活跃、代谢紊乱以及氧化应激等因素引起了机体内氧化还原状态失衡，并导致了谷胱甘肽含量上升。而对于获得性免疫缺陷综合征来说，由于 HIV 感染引起免疫系统受损，机体抵抗力下降。这时候人体内部就会产生大量自由基和氧化应激反应，并使得谷胱甘肽消耗增加从而导致其浓度下降。此外，在牛皮癣等自身免疫性皮肤炎治疗过程中也观察到了与谷胱甘肽含量相关的变化。因此，对谷胱甘肽进行准确定量具有重要的生物学和临床意义。Wang 等人发现还原型谷胱甘肽对激发形式的聚 L-赖氨酸（PLL）具有显著的猝灭作用。基于这一原理，提出了一种以富含鲁米诺/苯胺纳米棒的氧化石墨烯为电化学发光探针，以 PLL 为反应物的谷胱甘肽电化学发光检测体系[49]。在另一项工作中，由于谷胱甘肽对纳米金（Au NCs）的电化学发光具有显著的猝灭作用，Zhang 等人合成了高量子产率的 Au NCs，以构建检测谷胱甘肽（GSH）的超灵敏传感平台[50]。考虑到纳米二氧化锰可以被 GSH 还原形成 Mn^{2+}，Zhang 等人使用释放的 Mn^{2+} 作为替代靶标制造开/关型电化学传感器，用于 GSH 的灵敏检测[51]。Fu 等人开发了基于二维 C_3N_4/MnO_2（供体/受体）型纳米复合材料的高效电化学发光-能量转移体系[52]。在该工作中，目标分析底物检测完后，通过将 MnO_2 还原为 Mn^{2+} 来驱动纳米复合材料的分解，从而导致电化学发光强度的恢复，进而用于 GSH 的定量检测。在该工作基础上，Feng 等人设计了带有三重 DNA 支架的纳米金来检测半胱氨酸，因为半胱氨酸会影响 DNA 模板提供的局部微环境，从而催化电化学发光的增强[53]。Li 等人还发现了一种利用胺化 $Au@SiO_2/CdS$ 量子点纳米复合材料来检测 GSH 的电化学发光体系（图 5.5）[54]。他们使用了两种策略来增强电化学发光，包括电化学发光触发金核的表面等离子体共振（SPR）效应和修饰氨基与 H_2O_2 之间的电化学反应。通过这种双重电化学发光增强策略，探讨了谷胱甘肽在该电化学发光体系中的反应机制。

由于微囊藻毒素-lr(MC-LR)对环境和人类健康具有严重的危害，因此需要建立高效的方法对其进行检测。基于硼和氮共掺杂石墨烯量子点（BN-GQDs），设计了一种用于 MC-LR 检测的新型表面等离子体共振（SPR）增强阴极电化学发光生物传感器[55]。以铋纳米粒子（BiNPs）取代贵金属作为 SPR 的来源，该材料可以与 BN-GQDs 发生强烈的相互增强作用，导致电化学发光的增强。除了能够实现对 MC-LR 的超灵敏检测外，该 SPR-电化学发光传感器还具有生物识别的优点，可用于生物分析领域。

双氯芬酸（DCF）是一种新的污染物，对人体健康危害巨大。基于此，Li 等人利用纳米金作为等离子体，提出了一种从局域表面等离子共振（LSPR）到共振能量转换的机制来特异性检测 DCF[56]。采用 1,4,9,10-菲四羧酸修饰的磷酸钴（PTCA/CoP）作为电化学发光体，得益于其特殊的 1D/2D 结构，PTCA/CoP 具有良好的电化学发光性能。同时引入 DCF 会触发适体传感器的转化，从而实现在 0.1pmol/L 至 $10\mu mol/L$ 范围内对 DCF 的特异性检测，最低检出限为 0.072pmol/L。在电化学发光检测系统中，产生的光量直接取决于发光团的浓度，也取决于反应物的浓度。Sojic 等人设计并制备了一系列以硼酸为受体的氨基共反应物。他们

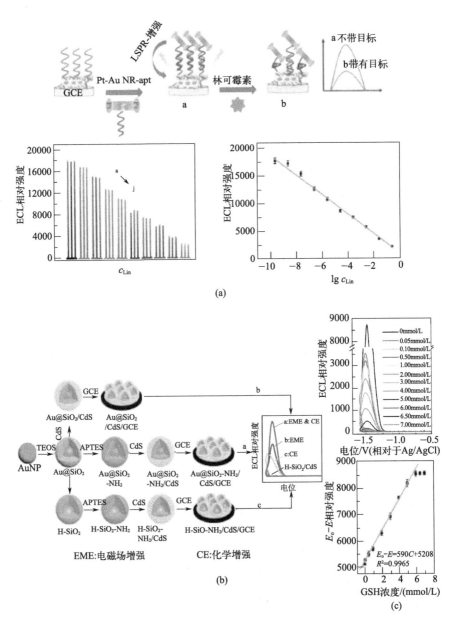

图 5.5 SPR-增强电化学发光检测平台检测林可霉素原理图[54]

发现糖的加入可以改变共反应物的结构和反应性,从而产生电化学发光信号。此外,通过调节双硼酸胺共反应物连接体长度,实现了对 D-葡萄糖和 D-果糖的选择性检测。

有机磷污染物引起了一系列严重的健康和环境问题,实现对有机磷污染物的高效检测非常重要。基于此,Wang 等人设计了一种新型的"智能"电化学发光开关型传感器,通过将目标农药分子特异性结合在酞菁钴(CoPc)修饰的氧化石墨烯(GO)上,并在基于 GO-CoPc 的传感平台上使用乙醇作为自由基清除剂,产生"开-关-开"型的电化学发光信号响应。Yuan 等制备了 β-环糊精功能化的 g-C_3N_4 作为发光基团,在电化学发光生物传感器上构建了基于酶抑制的检测方法,研究表明随着酶促反应原位生成乙酸的减少,作为共反应剂的三乙胺的消耗也随之减少,从而有效提高了电化学发光强度,进而实现了对有机磷的高效检测。

Xu[57] 等人报道了一种基于共振能量转移(RET)的双波长比例型电化学发光方法,该方法从石墨样氮化碳(g-C_3N_4)纳米片(460nm)到 $Ru(bpy)_3^{2+}$(620nm),最终用于超灵敏 microRNA 的检测。他们还开发了一种基于不同颜色的鲁米诺(蓝色)和 $Ru(bpy)_3^{2+}$(红色)的可视化开关电化学发光传感平台,用于定量检测 HL-60 癌细胞。

Cao[58] 等人报道了一种基于钌(Ⅱ)/二茂铁(Ru-Fc)配合物的多信号电化学传感器,用于高灵敏度和选择性地检测活细胞和动物样品中的次氯酸(HOCl)。因为金属到配体电荷转移(MLCT)状态被从 Fc(二茂铁)部分到 Ru(Ⅱ)中心的光诱导电子转移过程所破坏导致 Ru-Fc 发光较弱。同时,由 HOCl 诱导的特异性反应导致发光猝灭剂 Fc 片段的裂解,导致 PET 作用的消除,从而重新建立了 Ru(Ⅱ)配合物的新的电荷转移路径,此过程中伴有显著的光致发光和电化学发光增强。高灵敏、准确地检测抗生素在环境、食品安全等各个领域发挥着重要的作用。最近,科研人员利用 CdTe 量子点增强 $Ru(bpy)_3^{2+}$ 体系电化学发光的策略,开发了一种高灵敏度传感器,用于测定动物饲料样品中的呋喃他酮、呋喃唑酮和硝基呋喃等有机污染物。结果表明,$Ru(bpy)_3^{2+}$/CdTe-QDs 体系的电化学发光受到硝基呋喃的猝灭。硝基呋喃抗生素的这种猝灭作用具有较高的选择性和浓度依赖性,并在较宽的浓度范围内有较好的线性响应。此外,该电化学发光方法被成功地用于动物饲料样品中硝基呋喃残留的痕量检测。基于单链 DNA 结合蛋白（SSB）和 Au NPs（EV-Au-SSB）标记的 EnVision 试剂（EV）作为纳米示踪剂和外切酶辅助靶循环，设计了一种新的三倍扩增电化学发光来检测氯霉素（CAP）的方法。在 EV-Au-SSB 中，Au NPs 可以通过表面等离子体共振有效地增强 CdS NCs 的电化学发光强度。此外，Au NPs 与 EV 的结合可以通过 H_2O_2 的催化作用进一步氧化 CdS NCs，该过程会产生大量的活性氧，从而增强了电化学发光信号。该传感器的线性响应范围为 0.0001 ～ 10nmol/L，检出限为 0.03pmol/L（S/N＝3）。

5.4 展望

近年来，电化学发光生物传感器的研究进展十分迅速。随着科技的不断发展和临床检验科学的进一步推动，人们对于电化学发光生物传感器在设计、分析性能和应用方面提出了更高的要求。首先，在传感器设计方面，需要考虑如何使得电化学发光生物传感器具有更高的灵敏度。通过优化材料选择、改善材料的结构设计以及提升信号放大等手段，可以增强传感器对目标分子的检测能力。此外，还需关注如何实现微型化、功能多样化和集成化。将电化学发光生物传感器制作成微型芯片或纳米颗粒，可以提高其在实际应用中的便携性和适应性，并拓宽其应用范围。其次，在分析性能方面，需要加强对于选择性和特异性的研究。针对不同疾病相关生物分子进行准确而可靠的检测是电化学发光生物传感器在临床诊断中重要的任务之一。因此，在开展相关研究时需要深入探索各种影响选择性和特异性的因素，并寻找相应的解决方法。最后，在应用方面，使用电化学发光生物传感器进行了各种疾病相关生物分子灵敏检测，并且已经取得了显著进展。然而，在未来仍需继续努力完善其在临床诊断中的实际应用效果，并与其他医学技术相结合以更好地服务患者。总之，为了满足日益增长的临床检验需求，未来我们需要致力于提高电化学发光生物传感器的灵敏度、选择性和特异性，并促使其向微型化、功能多样化和集成化方向发展。这将为生命医药领域的研究带来巨大突破，并在临床检验中担任更加关键的角色。

参考文献

[1] Qi H, Peng Y, Gao Q, et al. Applications of nanomaterials in electrogenerated chemiluminescence biosensors[J]. Sensors, 2009, 9(1): 674-695.

[2] Guo Z, Dong S. Electrogenerated chemiluminescence from Ru(bpy)$_3^{2+}$ ion-exchanged in carbon nanotube/perfluorosulfonated ionomer composite films[J]. Analytical Chemistry, 2004, 76(10): 2683-2688.

[3] Qi H, Li M, Dong M, et al. Electrogenerated chemiluminescence peptide-based biosensor for the determination of prostate-specific antigen based on target-induced cleavage of peptide[J]. Analytical Chemistry, 2014, 86(3): 1372-1379.

[4] Qi H, Qiu X, Xie D, et al. Ultrasensitive electrogenerated chemiluminescence peptide-based method for the determination of cardiac troponin I incorporating amplification of signal reagent-encapsulated liposomes[J]. Analytical Chemistry, 2013, 85(8): 3886-3894.

[5] Li J, Yang L, Luo S, et al. Polycyclic aromatic hydrocarbon detection by electrochemiluminescence generating Ag/TiO$_2$ nanotubes [J]. Analytical Chemistry, 2010, 82(17): 7357-7361.

[6] Han M, Li Y, Niu H, et al. Facile synthesis of PbSe hollow nanostructure assemblies via a solid/liquid-phase chemical route and their electrogenerated chemiluminescence properties [J]. Chemistry-A European Journal, 2011, 17 (13): 3739-3745.

[7] Wang H, Yuan R, Chai Y, et al. An ultrasensitive peroxydisulfate electrochemiluminescence immunosensor for Streptococcus suis serotype 2 based on L-cysteine combined with mimicking bi-enzyme synergetic catalysis to in situ generate coreactant[J]. Biosensors and Bioelectronics, 2013, 43: 63-68.

[8] Zhou Y, Zhuo Y, Liao N, et al. Ultrasensitive immunoassay based on a pseudo-bienzyme amplifying system of choline oxidase and luminol-reduced Pt@ Au hybrid nanoflowers[J]. Chemical Communications, 2014, 50(93): 14627-14630.

[9] Jie G F, Liu P, Zhang S S. Highly enhanced electrochemiluminescence of novel gold/silica/CdSe-CdS nanostructures for ultrasensitive immunoassay of protein tumor marker[J]. Chemical Communications, 2010, 46(8): 1323-1325.

[10] Zhang L, Liu B, Dong S. Bifunctional nanostructure of magnetic core luminescent shell and its application as solid-state electrochemiluminescence sensor material [J]. The Journal of Physical Chemistry B, 2007, 111(35): 10448-10452.

[11] Dong Y P, Gao T T, Zhou Y, et al. Electrogenerated chemiluminescence resonance energy transfer between luminol and CdSe@ ZnS quantum dots and its sensing application in the determination of thrombin[J]. Analytical Chemistry, 2014, 86(22): 11373-11379.

[12] Chen Y, Xu J, Su J, et al. In situ hybridization chain reaction amplification for universal and highly sensitive electrochemiluminescent detection of DNA[J]. Analytical Chemistry, 2012, 84(18): 7750-7755.

[13] Xu Z, Dong Y, Li J, et al. A ferrocene-switched electrochemiluminescence "off-on" strategy for the sensitive detection of cardiac troponin I based on target transduction and a DNA walking machine[J]. Chemical Communications, 2015, 51 (76): 14369-14372.

[14] Chen L, Zeng X, Si P, et al. Gold nanoparticle-graphite-like C_3N_4 nanosheet nanohybrids used for electrochemiluminescen timmunosensor[J]. Analytical Chemistry, 2014, 86(9): 4188-4195.

[15] Liao N, Zhuo Y, Chai Y, et al. Amplified electrochemiluminescent immunosensing using apoferritin-templated poly (ethylenimine) nanoparticles as co-reactant [J]. Chemical Communications, 2012, 48(61): 7610-7612.

[16] Chen L C, Zeng X T, Si P, et al. Gold nanoparticle -graphite-like C_3N_4 nanosheet nanohybrids used for electrochemiluminescent immunosensor [J]. Analytical Chemisty, 2014, 86: 4188-4195.

[17] Liao N, Zhuo Y, Chai Y Q, et al. Amplified electrochemi-luminescent immunosensing using apoferritin-templatedpoly (ethylenimine) nanoparticles as co-reactant [J]. Chem. Commun. , 2012, 48: 7610-7612.

[18] Cao Y, Zhang Z, Li L, et al. An improved strategy for high-quality cesium bismuth bromine perovskite quantum dots with remarkable electrochemiluminescence activities[J]. Analytical Chemistry, 2019, 91(13): 8607-8614.

[19] Zhou H, Liu J, Xu J J, et al. Optical nano-biosensing interface via nucleic acid amplification strategy: Construction and application[J]. Chemical Society Reviews, 2018, 47(6): 1996-2019.

[20] Liang W B, Zhuo Y, Zheng Y N, et al. Electrochemiluminescent Pb^{2+} -driven circular etching sensor coupled to a DNA micronet-carrier[J]. ACS Applied Materials & Interfaces, 2017, 9(45): 39812-39820.

[21] Xu J, Zhang Y, Li L, et al. Colorimetric and electrochemiluminescence dual-mode sensing oflead ion based on integrated lab-on-paper device[J]. ACS Applied Materials & Interfaces, 2018,10(4): 3431-3440.

[22] Huang Y, Li L, Zhang Y, et al. Cerium dioxide-mediated signal "On-Off" by resonance energy transfer on a lab-on-paper device for ultrasensitive detection of lead ions[J]. ACS Applied Materials & Interfaces, 2017, 9(38): 32591-32598.

[23] Wang H, Song Y, Chai Y, et al. Highly sensitive biosensor based on target induced dual signal amplification to electrochemiluminescent nanoneedles of Ru(Ⅱ) complex[J]. Biosensors and Bioelectronics, 2019, 140: 111344.

[24] Thangamuthu M, Santschi C, JF Martin O. Label-free electrochemical immunoassay for C-reactive protein[J]. Biosensors, 2018, 8(2): 34.

[25] Wang D M, Gai Q Q, Huang R F, et al. Label-free electrochemiluminescence assay for aqueous Hg^{2+} through oligonucleotide mediated assembly of gold nanoparticles[J]. Biosensors and Bioelectronics, 2017, 98: 134-139.

[26] Babamiri B, Salimi A, Hallaj R. Switchable electrochemiluminescence aptasensor coupled with resonance energy transfer for selective attomolar detection of Hg^{2+} via CdTe@ CdS/dendrimer probe and Au nanoparticle quencher[J]. Biosensors and Bioelectronics, 2018, 102: 328-335.

[27] Lei Y M, Wen R X, Zhou J, et al. Silver ions as novel coreaction accelerator for remarkably enhanced electrochemiluminescence in a $PTCA-S_2O_8^{2-}$ system and its application in an ultrasensitive assay for mercury ions[J]. Analytical Chemistry, 2018, 90(11): 6851-6858.

[28] Lei Y M, Xiao B Q, Liang W B, et al. A robust, magnetic, and self-accelerated electrochemiluminescent nanosensor for ultrasensitive detection of copper ion[J]. Biosensors and Bioelectronics, 2018, 109: 109-115.

[29] Li L, Ning X, Qian Y, et al. Porphyrin nanosphere-graphene oxide composite for ehanced electrochemiluminescence and sensitive detection of Fe^{3+} in human serum [J]. Sensors andActuators B: Chemical, 2018, 257: 331-339.

[30] Li S, Li J, Ma X, et al. Molecularly imprinted electroluminescence switch sensor with a dualrecognition effect for determination of ultra-trace levels of cobalt(Ⅱ) [J]. Biosensors and Bioelectronics, 2019, 139: 111321.

[31] Han M, Fang M, Liu L, et al. Anodic electrochemiluminescence of SBA-15 and its sensing application[J]. Electrochemistry Communications, 2013, 35: 94-96.

[32] Gu Y, Wang J, Shi H, et al. Electrochemiluminescence sensor based on upconversion nanoparticles and oligoaniline-crosslinked gold nanoparticles imprinting recognition sites for the determination of dopamine[J]. Biosensors and Bioelectronics, 2019, 128: 129-136.

[33] Li L, Liu D, Mao H, et al. Multifunctional solid-state electrochemiluminescence

sensing platform based on poly(ethylenimine) capped N-doped carbon dots as novel co-reactant[J]. Biosensors and Bioelectronics, 2017, 89: 489-495.

[34] Liu H, Wang L, Gao H, et al. Aggregation-induced enhanced electrochemiluminescence from organic nanoparticles of donor-acceptor based coumarin derivatives [J]. ACS Applied Materials & Interfaces, 2017, 9(51): 44324-44331.

[35] Wang H, Pu G, Devaramani S, et al. Bimodal electrochemiluminescence of G-CNQDs in the presence of double coreactants for ascorbic acid detection[J]. Analytical Chemistry, 2018, 90(7): 4871-4877.

[36] Saidur M R, Aziz A R A, Basirun W J. Recent advances in DNA-based electrochemical biosensors for heavy metal ion detection: A review[J]. Biosensors and Bioelectronics, 2017, 90: 125-139.

[37] Du X, Jiang D, Chen S, et al. CeO_2 nanocrystallines ensemble-on-nitrogen-doped graphene nanocomposites: One-pot, rapid synthesis and excellent electrocatalytic activity for enzymatic biosensing[J]. Biosensors and Bioelectronics, 2017, 89: 681-688.

[38] Lu F, Yang L, Hou T, et al. Label-free and "signal-on" homogeneous photoelectrochemical cytosensing strategy for ultrasensitive cancer cell detection[J]. Chemical Communications, 2020, 56(75): 11126-11129.

[39] Feng D, Tan X, Wu Y, et al. Electrochemiluminecence nanogears aptasensor based on MIL-53(Fe)@ CdS for multiplexed detection of kanamycin and neomycin [J]. Biosensors and Bioelectronics, 2019, 129: 100-106.

[40] Xia M, Zhou F, Feng X, et al. A DNAzyme-based dual-stimuli responsive electrochemiluminescence resonance energy transfer platform for ultrasensitive anatoxin-a detection[J]. Analytical Chemistry, 2021, 93(32): 11284-11290.

[41] Duraisamy V, Sudha V, Annadurai K, et al. Ultrasensitive simultaneous detection of ascorbic acid, dopamine, uric acid and acetaminophen on a graphitized porous carbon-modified electrode[J]. New Journal of Chemistry, 2021, 45(4): 1863-1875.

[42] Cheng H, Zhou Z, Liu T. Electro-spinning fabrication of nitrogen, phosphorus co-doped porous carbon nanofiber as an electro-chemiluminescent sensor for the determination of cyproheptadine [J]. RSC Advances, 2020, 10 (39): 23091-23096.

[43] Dang X, Sun M, Sinha A, et al. Coupling O_2 and $K_2S_2O_8$ dual co-reactant with Fe-N-C modified electrode for ultrasensitive electrochemiluminescence signal amplification[J]. Chemistry Select, 2019, 4(5): 1673-1680.

[44] Chen H，Zhang H，Yuan R，et al. Novel double-potential electrochemilumines-cence ratiometric strategy in enzyme-based inhibition biosensing for sensitive de-tection of organophosphorus pesticides[J]. Analytical Chemistry，2017，89(5)：2823-2829.

[45] Jin X，Fang G，Pan M，et al. A molecularly imprinted electrochemiluminescence sensor based on upconversion nanoparticles enhanced by electrodeposited rGO for selective and ultrasensitive detection of clenbuterol[J]. Biosensors and Bioelectron-ics，2018，102：357-364.

[46] Zhang Y，Chen X. Nanotechnology and nanomaterial-based no-wash electrochemi-cal biosensors：From design to application [J]. Nanoscale，2019，11 (41)：19105-19118.

[47] Kim K R，Kim H J，Hong J I. Electrogenerated chemiluminescent chemodosime-ter based on a cyclometalated iridium(Ⅲ) complex for sensitive detection of thio-phenol[J]. Analytical Chemistry，2018，91(2)：1353-1359.

[48] Zhang R，Zhong X，Chen A Y，et al. Novel $Ru(bpy)_2(cpaphen)^{2+}/TPrA/TiO_2$ ternary ECL system：An efficient platform for the detection of glutathione with Mn^{2+} as substitute target[J]. Analytical Chemistry，2019，91(5)：3681-3686.

[49] Wang C，Chen L，Wang P，et al. A novel ultrasensitive electrochemiluminescence biosensor for glutathione detection based on poly-L-lysine as co-reactant and gra-phene-based poly(luminol/aniline) as nanoprobes[J]. Biosensors and Bioelectron-ics，2019，133：154-159.

[50] Rubab M，Shahbaz H M，Olaimat A N，et al. Biosensors for rapid and sensitive detection of Staphylococcus aureus in food[J]. Biosensors and Bioelectronics，2018，105：49-57.

[51] Zhang R，Zhong X，Chen A Y，et al. Novel $Ru(bpy)_2(cpaphen)^{2+}/TPrA/TiO_2$ ternary ECL system：An efficient platform for the detection of glutathione with Mn^{2+} as substitute target[J]. Analytical Chemistry，2019，91(5)：3681-3686.

[52] Ji D，Xu N，Liu Z，et al. Smartphone-based differential pulse amperometry sys-tem for real-time monitoring of levodopa with carbon nanotubes and gold nanopar-ticles modified screen-printing electrodes[J]. Biosensors and Bioelectronics，2019，129：216-223.

[53] Feng L，Wu L，Xing F，et al. Novel electrochemiluminescence of silver nanoclus-ters fabricated on triplex DNA scaffolds for label-free detection of biothiols[J]. Biosensors and Bioelectronics，2017，98：378-385.

[54] Li X，Xu Y，Chen Y，et al. Dual enhanced electrochemiluminescence of aminated

Au@ SiO_2/CdS quantum dot superstructures: Electromagnetic field enhancement and chemical enhancement[J]. ACS Applied Materials & Interfaces, 2019, 11 (4): 4488-4499.

[55] Mercante L A, Pavinatto A, Iwaki L E O, et al. Electrospun polyamide 6/poly (allylamine hydrochloride) nanofibers functionalized with carbon nanotubes for electrochemical detection of dopamine[J]. ACS Applied Materials & Interfaces, 2015, 7(8): 4784-4790.

[56] Dong Y P, Chen G, Zhou Y, et al. Electrochemiluminescent sensing for caspase-3 activity based on Ru(bpy)$_3$$^{2+}$-doped silica nanoprobe[J]. Analytical Chemistry, 2016, 88(3): 1922-1929.

[57] Feng Q M, Shen Y Z, Li M X, et al. Dual-wavelength electrochemiluminescence ratiometry based on resonance energy transfer between Au nanoparticles function-alized g-C_3N_4 nanosheet and Ru(bpy)$_3$$^{2+}$ for microRNA detection[J]. Analytical Chemistry, 2016, 88(1): 937-944.

[58]Cao L, Zhang R, Zhang W, et al. A ruthenium(Ⅱ) complex-based lysosome-tar-getable multisignal chemosensor for in vivo detection of hypochlorous acid[J]. Biomaterials, 2015, 68: 21-31.

[59] Liang W B, Zhuo Y, Zheng Y N, et al. Electrochemiluminescent Pb^{2+}-driven cir-cular etching sensor coupled to a DNA micronet-carrier[J]. ACS Applied Materi-als & Interfaces, 2017, 9: 39812-39820.

第 6 章
电化学发光免疫分析

6.1 电化学发光免疫分析概述

免疫分析是一种重要的生物化学技术，其较高的选择性使其在临床、药物和生化分析领域得到了广泛应用。其中，化学发光免疫分析法以其高灵敏度成为放射免疫的首选方法，并具有广阔的发展前景。电化学发光免疫分析是一种在电极表面由电化学引发的特异性化学发光反应，它包括了电化学和化学发光两个过程，是一种结合免疫反应和电化学发光优势的有前途的分析技术[1]，也是化学发光免疫分析的一种发展，是免疫检测和电化学发光结合的新型免疫分析方法，是继放射免疫法、酶联免疫吸附法[2]（ELISA）、荧光免疫法[3] 和化学发光免疫法[4] 之后的新一代标记免疫测定技术。

与传统的化学发光免疫分析法相比，电化学发光免疫分析法具有许多优点。首先，电化学发光反应可以通过调节施加电位来实现操控，因此具有良好的可控性和操作便利性，并且能够实现高度自动化。此外，在动力学范围方面也更加宽广，并且拥有多样的方法。根据抗原-抗体复合物与游离态抗原（或抗体）是否被分离开来进行测定，将免疫分析划分为均相和非均相两类。近年来出现并快速发展起来的均相电化学发光免疫分析由于操作简单、无需涉及复杂的样品处理步骤而引起了众多科研人员极大关注。很多均相电化学发光原理是基于对空间阻力、构型改变以及扩散系数等影响因素进行定量测定所建立起来的。这些影响因素会导致信号产生变化，进而用于准确可靠的定量检测。随着科技的不断进步和创新，在未来我们可以期待更加精确、灵敏且易于操作的电化学发光技术在医药领域中得到更广泛的应用，并为诊断治疗提供更有效、便捷和准确的手段。

与一般的免疫分析方法不同，电化学发光免疫分析法（ECLIA）是以电化学发光物标记抗原或抗体，利用抗原与抗体免疫反应前后电化学发光信号的变化，对抗体或抗原进行分析的一种免疫分析方法。电化学发光和一般化学发光技术的主要区别在于标记物的不同，一般的化学发光（酶促发光）是标记催化酶（辣根过氧化物酶、微过氧化物酶等）或化学发光分子（鲁米诺、吖啶酯等），这样的发光反应一般发光不稳定，为间断的、闪烁性发光，而且在反应过程中易发生裂变，导致反应结果不稳定；此外，检测时需对结合相和游离相进行分离，存在操作步骤多、测试成本较高等不足。而电化学发光则不同，其为电促产生的发光现象，它所采用的发光试剂标记分子是三联吡啶钌 $[Ru(bpy)_3]^{2+}$，$Ru(bpy)_3^{2+}$ 的结构式如图 6.1 所示。$Ru(bpy)_3^{2+}$ 在三丙胺阳离子自由基（$TPrA^{+*}$）的催化以及三角形脉冲电压激发下，可产生高效、稳定的连续发光，同时，$Ru(bpy)_3^{2+}$ 在发光反应中的再循环使得发光得以增强。而且，检测采用均相免疫测定技术，不需将游离相及结合相分开，从而使检测步骤大大简化，也更易于自动化，因而，电化学发光具有更好的发展前景。

图 6.1　$Ru(bpy)_3^{2+}$ 的结构

　　由于结合了抗原抗体反应的特异性高和电化学发光检测灵敏度高的特点，与其他免疫分析法比较，电化学发光免疫分析不仅具有灵敏度高、特异性强、检验范围广、检验速度快多种优点。更重要的是所用试剂毒性低、无放射性危害，并且有良好的稳定性，分析方法多样。因此广泛应用于疾病生物标志物检测、药物分析、食品监测等领域。

6.2　电化学发光免疫分析的原理及优点

6.2.1　电化学发光免疫分析的原理

　　电化学发光免疫分析是一种将电化学发光和免疫检测这两种分析方法，与生物素、亲和素和固相磁微珠相结合而融为一体的新型标记免疫分析技术，它在生命科学研究中将发挥重要作用。电化学发光免疫分析中标记物的发光原理与一般的化学发光不同，是一种在电极表面由电化学引发的特异性化学发光反应，电化学发光免疫分析实际上包括了电化学反应和化学发光两个过程。

　　① 电化学反应过程：在工作电极上（阳极）施加一定的电压，二价的三联吡啶钌 $[Ru(bpy)_3^{2+}]$ 释放电子发生氧化反应而成为三价的三联吡啶钌 $[Ru(bpy)_3^{3+}]$，同时，电极表面的 TPrA 也释放电子发生氧化反应而成为阳离子自由基 $TPrA^{+*}$，并迅速自发脱去一个质子而形成三丙胺自由基 $TPrA^*$。这样，在反应体系中就存在具有强氧化性的三价三联吡

啶钌 $[Ru(bpy)_3^{3+}]$ 和具有强还原性的三丙胺自由基 TPrA·。

② 化学发光过程：具有强氧化性的三价三联吡啶钌和具有强还原性的三丙胺自由基 TPrA· 发生氧化还原反应，使三价三联吡啶钌还原成激发态的二价三联吡啶钌，其能量来源于三价三联吡啶钌与三丙胺自由基 TPrA· 之间的电势差，激发态 $Ru(bpy)_3^{2+}$ 以荧光机制衰变并以释放出一个波长为 620nm 光子的方式释放能量，而成为基态的 $Ru(bpy)_3^{2+}$。

③ 循环过程：上述化学发光过程后，反应体系中仍存在二价三联吡啶钌和三丙胺，使得电极表面的电化学反应和化学发光过程可以继续进行，这样，整个反应过程可以循环进行。

通过循环过程，使得测定信号不断放大，从而使检测灵敏度大大提高，所以电化学发光检测具有高灵敏的特点。上述的电化学发光过程产生的光信号强度与二价三联吡啶钌的浓度成线性关系。将二价三联吡啶钌与免疫反应体系中的一种物质结合，经免疫反应、分离后，检测免疫反应体系中剩余的二价三联吡啶钌经上述过程后所发出的光，即可得知待检物的浓度。

6.2.2 电化学发光免疫分析的优点

电化学发光免疫分析的优点如下：

① 标记物可再循环利用，使发光时间更长，强度更高，易于测定；

② 灵敏度高，可达 pg/mL 或 pmol/L 水平；

③ 线性范围宽，可达 $>10^4$；

④ 反应时间短，20min 以内可完成测定；

⑤ 试剂稳定性好，2~5℃可保持 1 年以上。

目前电化学发光免疫分析不仅可以应用于所有的免疫测定，而且还可用于 DNA/RNA 探针的检测。

6.3 电化学发光免疫分析的应用

6.3.1 电化学发光免疫分析在医学检测中的应用

6.3.1.1 肿瘤标志物检测

前列腺癌是世界上最致命的疾病之一，每年导致成千上万的人失去生命。前列腺特异性抗原[5]（PSA）是公认的前列腺癌临床评价的生物标志物。已有研究表明，当前列腺特异性抗原浓度上升到 2ng/mL 时，即使正常前列腺特异性抗原临界值为 4ng/mL，人体免疫系统中也更容易有前列腺癌发作。目前，用于分析人血清中 PSA 的检测方法有光化学免疫法、电化学传感器法、荧光免疫法和酶联免疫吸附法等[6-8]。尽管如此，仍然迫切需要开发具有更高灵敏度和更好选择性的方法来快速和动态地检测人血清中 PSA 的浓度。由于特异性强、灵敏度高、动态浓度响应快、背景噪声低等独特优势，构建电化学发光免疫传感器是实现各种人体样品肿瘤标志物敏感分析的良好选择。抗原-抗体相互作用的高亲和力可以与电化学发光的固有特性相结合，使得电化学发光在临床样品的分析检测中具有很高的灵敏度和选择性。在肿瘤疾病的诊断中某些肿瘤相关的标志物的测定中起着重要的作用。Yang[9] 等人利用钯纳米颗粒（Pd NPs）功能化的石墨烯-气凝胶负载 Fe_3O_4（FGA-Pd）开发了一种新型 $Ru(bpy)_3^{2+}$ 基电化学发光免疫传感器，用于前列腺特异性抗原的实际样品分析。电化学发光免疫传感器的制备如图 6.2 所示，采用原位还原法制备了三维纳米结构 FGA-Pd 作为新型电化学发光载体。大量的 $Ru(bpy)_3^{2+}$ 可以通过静电相互作用与 FGA-Pd 结合，建立全新的电化学发光发射极（Ru@FGA-Pd），显著提高了电化学发光效率，所得 Ru@FGA-Pd 复合物用于标记二抗（Ab$_2$）[10-11]，以三丙胺为共反应物产生强电化学发光信号。其中 Pd NPs 的参与使 FGA 在发光过程中具有良好的电催化能力，可以产生更多激发态的 $Ru(bpy)_3^{2+*}$，以实现信号的放大。此外，一抗（Ab$_1$）被金纳米粒子（Au NPs）功能化的 Fe_2O_3 纳米树突（Au-FONDs）捕获，具有良好的导电性和良好的生物相容性。在最佳条件下，制作的三明治型电化学发光免疫传感器对 PSA 具有灵敏的响应，检出限为 0.056 pg/mL（S/N＝3），检测范围为 0.0001～50ng/mL。该免疫传感器具有良好的选择性、稳定性和可重复性，有望为 PSA 和其他生物标志物的真实样品检测开辟一条新的途径。

Wei 等人利用 Ag 纳米粒子掺杂 Pb(Ⅱ)-β-CD[Ag@Pb(Ⅱ)-β-CD] 作为基底材料，构建了一种新型的无标记免疫传感器，可用于检测 PSA[12]。基于 β-环糊精的 MOF，Pb-β-环糊精［Pb(Ⅱ)-β-CD］表现出优异的电化学发光行为和对银离子的优异还原能力。银纳米颗粒在 Pb(Ⅱ)-β-CD 表面大量形成，无需添加还原剂，同时仍能很好地保留 Pb(Ⅱ)-β-

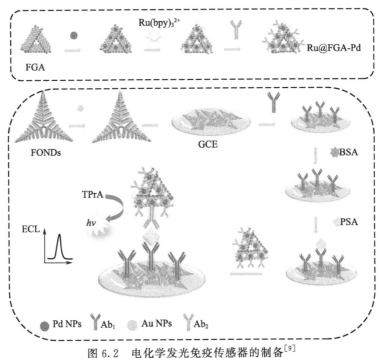

图 6.2　电化学发光免疫传感器的制备[9]

CD 的电化学发光行为。以 Ag@Pb(Ⅱ)-β-CD 为衬底材料修饰玻碳电极，形成电化学发光免疫传感器的传感平台。以 β-环糊精和铅离子［Pb(Ⅱ)-β-CD］为原料制备了新型 MOFs[13]。本研究首次报道了以 $K_2S_2O_8$ 为共反应物的 Pb(Ⅱ)-β-CD 的电化学发光。采用简单的方法制备了纳米银掺杂的 Pb(Ⅱ)-β-CD［Ag@Pb(Ⅱ)-β-CD］，并将其用于电化学发光免疫传感器的制备。Ag 纳米颗粒可以增强 Pb(Ⅱ)-β-CD 的电化学发光强度，提高电化学发光免疫传感器的灵敏度，同时银纳米粒子的存在使其易于固定，进而便于捕获 PSA 抗体。PSA 在电极表面的特异结合诱导了电化学发光信号的减弱。免疫传感器具有良好的稳定性、准确性和可重复性，检测范围为 0.001～50ng/mL，检测限为 0.34pg/mL，在临床诊断中具有潜在的应用前景。Wei 等人基于硫化铋（Bi_2S_3）标记的猝灭体系开发了一种用于检测 PSA 的 CeO_2 纳米材料增强电化学发光传感平台[14]。在这项研究中，氨基石墨烯（NH_2-Gr）和金纳米粒子功能化的 CeO_2/NPs（NH_2-Gr/Au@CeO_2）具有很强的电化学发光活性，可以被 Bi_2S_3 有效地猝灭。以 NH_2-Gr/Au@CeO_2 为电化学发光反应底物层，金纳米粒子功能化的

Bi_2S_3 为二抗载体，构建了一种检测 PSA 的夹心电化学发光免疫传感器，检测限为 0.3 pg/mL。Du 和同事提出了一种通过使用电化学发光活性 $EuPO_4$ 纳米线的 PSA 无标记免疫传感器[15]。$EuPO_4$ 纳米线具有强而稳定的阴极电化学发光活性，首次被用于构建前列腺特异性抗原检测的免疫传感器。用壳聚糖溶液分散 $EuPO_4$ 纳米线，壳聚糖上的氨基使捕获抗体能够共价附着。用 $EuPO_4$ 纳米线修饰电极表面后，将 PSA 固定在其上，形成无标记的免疫传感界面。由于位阻效应，PSA 在电极上的特异性结合抑制了 $EuPO_4$ 纳米线与共反应物的电化学发光反应[16]。在最佳条件下，电化学发光强度与 PSA 浓度的对数在 0.0005～80ng/mL 范围内呈良好的线性关系，检出限为 177.33fg/mL。所建立的电化学发光免疫传感器具有良好的稳定性、选择性和重复性。

$EuPO_4$ 是一种良好的发光基团，首次被用于制备电化学发光免疫传感器，具有发光寿命长、发射带窄、光稳定性好、量子产率高、毒性低等优点，为传统电化学发光基团提供了一种替代方案。该免疫传感器具有灵敏度高、线性范围宽、重现性好等特点，可用于某些靶标的检测。

癌胚抗原（CEA）是一种来源于结肠癌和胚胎组织的组成蛋白，用于评估患者的早期诊断和术前决策。Zhou[17] 等人首次提出了具有显著电化学发光性能的金纳米团簇（Au NCs）功能化的三元纳米结构。他们将牛血清白蛋白（BSA）模板化金纳米团簇（Au NCs）作为发光剂，三(3-氨基乙基)胺（TAEA）作为共反应剂，Pd@CuO 纳米材料通过共价附着在纳米结构中作为共反应促进剂，构建了用于癌胚抗原检测的超灵敏免疫传感器。通过 TAEA 与 Au NCs 的分子内共反应以及从 Pd@CuO 到 TAEA 的分子内共反应加速等双重自催化作用，Au NCs-TAEA-Pd@CuO 表现出了优异的电化学发光性能，使得 CEA 检测免疫传感器的检出限低至 16fg/mL，并且无需任何额外的信号扩增实验。该研究首次探索了一种具有高发光效率的三元 ECL 纳米结构 Au NCs-TAEA-Pd@CuO，该纳米结构将发光团、助反应剂和助反应促进剂结合在一起。通过分子内共反应和分子内共反应加速的双重分子内自催化作用，Au NCs-TAEA-Pd@CuO 纳米结构具有更快的电子转移和更有效的能量传递，并具有显著的电化学发光性能。因此，基于三元电化学发光纳米结构的免疫传感器对 CEA 检测具有良好的灵敏度、选择性和稳定性。此外，该工作还揭示了三元电化学发光纳米结构的吸引力，基于电化学发光纳米结构的金属纳米材料的制备方法应致力于开发高效的电化学发光信号标签，为生物检测和临床诊断提供重要方案，也为开发具有多重自催化作用的电化学发光纳米材料在超灵敏生物传感和高通量分析中的应用开辟了广阔的道路。

Yuan 团队成功采用自增强信号放大策略构建了一种基于钯纳米线（Pd NWs）的分子内自增强电化学发光免疫传感器，用于检测癌胚抗原[18]。以香菇多糖（LNT）为稳定剂和还原剂，采用绿色工艺合成了具有高比表面积和优良电催化活性的 Pd NWs。将得到的 Pd NWs 用于固定化增加量的三（4，4′-二羧酸-2，2′-联吡啶）钌（Ⅱ）二氯化钌 [Ru(dcbpy)$_3^{2+}$] 功能化聚乙二胺树枝状聚合物（PAMAM），形成新的电化学发光衍生物（Pd NWs-PAMAM-Ru）。通过这种方式，Ru(Ⅱ) 发光基团及其核心活性基团（PAMAM 中的氨基）存在于同一个配合物中。所获得的配合物（Pd NWs-PAMAM-Ru）作为一种具有更高发光效率的新型自增强电化学发光衍生物，以 Au NPs 作为电化学发光底物，Pd NWs-PAMAM-Ru 作为信号示踪剂，用于构建"信号开启"夹层电化学发光免疫传感器。

Zhang 等以新型锰离子掺杂氧化锌多孔六柱纳米棒（Mn-ZnO NRs）作为 Ru(dcbpy)$_3^{2+}$ 发光团和核心活性剂 L-赖氨酸（L-Lys）的优良纳米载体，制备了用于构建夹心电化学发光免疫传感器的自增强电化学发光配合物[19]。

Jiang 等利用 PdIr 立方体作为模拟过氧化物酶进行信号放大，构建了一种基于自增强 ABEI 衍生物的电化学发光免疫传感器，用于测定层粘连蛋白（LN）[20]。将 L-半胱氨酸（L-Cys）和 ABEI 固定在 PdIr 立方体上，形成自增强电化学发光纳米复合物（PdIr-L-Cys-ABEI）。PdIr 立方体可以有效地催化共反应物 H_2O_2 分解，从而提高 N-(4-氨基丁基)-N-乙基鲁米诺（ABEI）的电化学发光强度，电化学发光信号显著增强。

Yuan 等人还通过酰胺化反应将发光的 [Ru(dcbpy)$_2$dppz]$^{2+}$ 与 N，N′-二异丙基乙二胺（DPEA）共价连接，设计了一种具有自增强电化学发光性能的新型"光开关"分子（[Ru(dcbpy)$_2$dppz]$^{2+}$-DPEA），该分子在水溶液中几乎不发光，但插入 DNA 双链后会显著地发光[21]。

如图 6.3 所示，生物素标记的 DNA 树状大分子（第四代，G$_4$）是由 Y 形 DNA 通过逐步组装策略制备而成的，它可以作为优良的纳米载体，

为 $[Ru(dcbpy)_2dppz]^{2+}$-DPEA 提供丰富的嵌入位点。自增强纳米复合材料 G_4-$[Ru(dcbpy)_2dppz]^{2+}$-DPEA 由于含有丰富的生物素，可以很好地与链霉亲和素标记的检测抗体（SA-Ab$_2$）结合。另外，还采用夹心免疫反应制备了一种灵敏测定 N'-乙酰-β-D-氨基葡萄糖苷酶（NAG）的电化学发光免疫传感器。这些研究都是利用纳米材料来容纳发光团和助反应剂。他们还使用了自增强电化学发光试剂，将二(2,2'-联吡啶)(4'-甲基[2,2']联吡啶-4-羧酸)钌(II)$[Ru(bpy)_2(mcbpy)^{2+}]$ 与 TPrA 共价连接，作为前体制备具有高发光效率的纳米棒[22]（$[Ru(bpy)_2(mcbpy)^{2+}$-TPrA] NRs）。然后用 Pt NPs 功能化的 $[Ru(bpy)_2(mcbpy)^{2+}$-TPrA] NRs 装载检测抗体（Ab$_2$），用具有多级分支结构的 Au/Pd 树突大分子

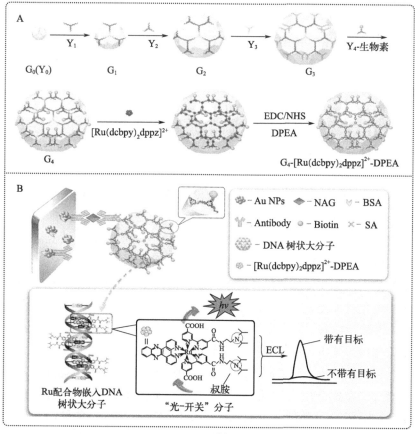

图 6.3　G_4-$[Ru(dcbpy)_2dppz]^{2+}$-DPEA 的制备（A）与
免疫传感器构建示意图及反应机制（B）[21]

（DRs）固定捕获抗体（Ab$_1$）。在夹心免疫反应的基础上，构建了一种简单灵敏的"信号开启"免疫传感器，用于 NAG 的检测。

肝细胞癌（HCC）是致死率排名第三的癌症。基于血清生物标志物对高危人群的监测可能会在早期发现肿瘤，实施肝移植、手术切除或肿瘤消融等治疗，从而显著降低死亡率。除了甲胎蛋白（AFP）是 HCC 最常用的血清生物标志物之外，最近的进展是引入了一种更灵敏的生物标志物，透镜状细胞 AFP 凝集素反应部分（AFP-L3）。与早期 AFP 相比，其对 HCC 的敏感性和特异性更高。AFP-L3 在总 AFP 中所占的比例（AFP-L3％）是一个独立的预测因子，血清 AFP 预测值为阴性的患者，当 AFP-L3％≥10％时，应高度怀疑为 HCC。然而，AFP-L3％的测量是通过参考凝集素亲和电泳法确定的。由于仪器灵敏度的限制，对于总 AFP 浓度较低的血清样本而言，这种方法相对烦琐且可靠性低。此外，临床实验室的 AFP-L3 检测涉及 AFP 和 AFP-L3 两个单独的分析程序，存在较高的经济和人力成本。因此，寻找高灵敏度、低成本的 AFP-L3 检测新方法，特别是同时检测 AFP 和 AFP-L3 具有重要意义。Liu 等人报道了一种基于量子点的电位分辨电化学发光免疫传感器，实现了对甲胎蛋白及其 AFP-L3 亚型模型分子的同时检测[23]。据此计算肝癌实验室诊断的新型生物标志物 AFP-L3％。由于表面微观结构不同，二巯基琥珀酸稳定 CdTe（DMSA-CdTe）量子点与 TiO$_2$ NPs-谷胱甘肽稳定 CdTe（TiO$_2$-GSH-CdTe）量子点的电化学发光峰电位差异较大（约 360mV）。ITO 电极的两个单独的接口分别被修改为特异性识别 AFP 和 AFP-L3。通过将 DMSA-CdTe QDs-anti-AFP 和 TiO$_2$-GSH-CdTe QDs-anti-AFP-L3 固定在 ITO 电极表面，结合酶促扩增策略，实现了对 AFP-L3％的无标记检测。该免疫传感器操作简单，线性范围宽，重现性好。该工作为基于纳米电化学发光技术的高灵敏度、多组分检测提供了一种新的免疫分析策略。肿瘤生物标志物 AFP 亚型（AFP-L3％）的一步检测方法为 HCC 早期筛查提供了极大的便利，扩展了量子点在临床中的应用。

随着人们对癌症认识的不断深入，对于准确诊断和预测癌症的需求也日益增加。在这个背景下，多靶点检测技术成为了一个备受关注的领域。多重免疫分析（multiple immunoassay，MIA）作为一种能够同时检测多个靶点的方法，在医学界引起了相当大的关注。为了同时检测癌胚抗原和甲胎蛋白，Song 等以苝二酰亚胺（PDI）和鲁米诺为发光基团构建了电位分辨的电化学发光免疫传感器。在水溶液中以 $K_2S_2O_8$ 为共反应物，合成的新型发光材料 PDI 在 $-0.25/-0.26V$ 的较低电势下产生双发射。这些电化学发光纳米探针分别被氧化石墨烯和 Au NPs 功能化后，构建了 $-0.6\sim0.6V$ 的低电位夹心电化学发光免疫传感器。该多重免疫传感器对 $-0.6V$ 的 CEA 和 $0.6V$ 的 AFP 具有灵敏的电位分辨，线性半对数范围为 0.1pg/mL 至 1ng/mL，在人血清中具有良好的可行性。随着对癌症治愈率和患者生存质量要求的不断提高，能够同时检测多靶点的 MIA 技术将会持续受到关注并得到进一步优化与应用。它有望成为未来精准医学领域中重要而强大的工具，在促进早期筛查、精确定位治疗目标以及监测治疗效果等方面发挥积极作用。

6.3.1.2　蛋白质和激素检测

激素是体内含量很少但不可缺少的物质，很多代谢性疾病就是由于激素的代谢紊乱而引起的。目前，对于激素的检测，传统的方法多为放射免疫法，其对于工作人员的损害及公共环境的污染是不言而喻的。电化学发光技术在激素的测定中大有替代放射免疫的趋势。人绒毛膜促性腺激素 (human chorionic gonadotropin，HCG) 是一种分子量为 37000 的糖蛋白激素[24]。HCG 作为一种生物标志物，在人类癌症生物学中起自分泌作用，它能够促进肿瘤的生长、侵袭和恶性肿瘤扩张。血清 HCG 的灵敏、准确测定是预测妊娠的重要指标，可作为监测滋养细胞疾病的肿瘤标志物。迄今为止，已经设计了多种检测 HCG 的方法。但大多数方法需要昂贵的设备，耗时长且程序复杂。因此，开发一种快速、低成本、灵敏、选择性高的 HCG 检测方法至关重要。Qin[25] 等人研制了以 AgCQDs@PNS-PEI 纳米复合材料为探针的三明治型电化学发光免疫传感器，用于检测人绒毛膜促性腺激素。以柠檬酸钠和水合肼为二元还原剂，制备了掺杂纳米银的还原氧化石墨烯（rGO）复合材料。将木瓜皮与银离子结合制备得到碳量子点，用于制备负载银纳米粒子的纳米复合材料。采用二茂铁二羧酸无限配位的聚合物制备聚合物纳米球，并将其作为 AgCQDs 的载体。制备的 AgCQDs@PNS-PEI 具有良好的生物相容性和导电性，可作为二抗（Ab₂）固定的基质。所制成的免疫传感器在 0.00100~500mIU/mL 的线性范围内，在最佳条件下的检出限为 $0.33\mu IU/mL$ (S/N=3)。该传感器具有优良的选择性、良好的重现性和高的稳定性，并且该免疫传感器已成功用于人血清中 HCG 的检测。

Ala-Kleme[26] 等采用时间分辨阴极电化学发光免疫分析法（tr-CE-CLIA）对促甲状腺激素进行异质免疫分析。促甲状腺激素是一种具有分析特性的临床指标，之所以选择它作为模型蛋白，是因为使用固体工作电极免疫分析平台，用 tr-CECLIA 方法对其进行了早期测试，所得结果良好。该实验以磁珠为移动载体，当涂有三明治型 TSH 的磁珠被磁铁捕获后，可用于免疫分析过程中的洗涤和检测。在铝工作电极和铂对电极体系中，通过阴极脉冲极化产生 Tb(Ⅲ) 螯合物标记的时间分辨阴极电化学发光信号。该检测方法将高能电子注入铝电极附近的水溶液中，为电化学氧化/还原反应提供了有利条件，可以有效地激发 Tb(Ⅲ) 螯合物，在磁珠表面 TSH 的异质三明治型免疫分析中用作标记发光团。该方法的检出限约为 50mIU/L。该方法的突出优点是准确性和精密度高，以及通过异质免疫分析过程和时间分辨电化学发光检测降低了背景信号干扰。

胰岛素是人体内重要的合成代谢激素，胰岛素功能异常会引起高血糖，甚至引发糖尿病，因此，高灵敏和特异的胰岛素检测方法对糖尿病的早期诊断具有重要意义。电化学适体传感器因其具有电化学方法的高灵敏度和适体的高特异性而备受关注。Zhou 等人设计了一种基于空心多孔 $C_3N_4/S_2O_8^{2-}/AuPtAg$ 电化学发光三元体系的超灵敏适体感应策略，用于检测胰岛素[27]。他们将三金属 AuPtAg 作为共反应促进剂负载在空心多孔石墨氮化碳（$HP-C_3N_4$）发光体表面，能够加速反应过程中的电子转移。负载 AuPtAg 纳米颗粒的 $HP-C_3N_4$ 的电化学发光强度比纯 $HP-C_3N_4$ 高约 4 倍。基于上述三元体系设计的胰岛素配体传感器的检测范围为 0.05～100pg/mL，检出限为 17fg/mL。基于上述策略，Guo 等人采用 Au、Pt 和 Ag 元素构建了三元纳米立方体型电化学生物传感器。接着，他们利用乙型肝炎病毒衍生的 ssDNA 序列与其互补序列的杂交反应，获得了电化学发光响应，进而用于检测乙型肝炎病毒[28]。该生物传感器的检出限低至 65nmol/L，为临床检测乙型肝炎病毒提供了一种很有前景的检测方法。Chen 等人报道了一种基于三金属 Au@Pd@Pt 核壳纳米颗粒的电化学发光免疫传感策略，用于检测莱克多巴胺（RAC）[29]。由于其具有纳米孔结构和表面丰富的活性 Pt 金属位，使其表现出优异的催化性能，使得电化学发光信号放大得以实现。他们所开发的 RAC 免疫传感器的检测范围为 0.0001～1000ng/mL。该方法对胰岛素的检测表现出高灵敏性和特异性，可用于多种靶点的检测和临床生物分析。

Wang[30] 等人采用阴极信号放大策略（图 6.4）设计了一种双极电化学发光分离式肌红蛋白（Myo）检测方法。他们在 96 型孔板上构建三明治免疫反应平台，以靶 Myo 为中间单元固定磷酸酶标记探针，该过程可以催化 2-磷酸生成抗坏血酸（AA）。在电化学发光检测过程中，将 AA 引入双极电化学发光体系的阴极，在阴极上氯金酸（$HAuCl_4$）被原位还原成 Au 纳米粒子。由于 AA 的生成量与 Myo 的浓度有关，阴极的电导率与 Myo 的浓度呈正比关系，导致阳极电化学发光信号发生变化。该研究中，在信号放大策略中引入了分路模式，在信号输出端不做任何修改的情况下引入了阳极，这样可以有效避免传统模式中存在的蛋白质活性易于破坏和透光率降低的问题，从而有效提高了检测灵敏度。结果表明，光电倍增管成像和电荷耦合器件成像对 Myo 的检出限分别低至 3.0×10^{-13} g/mL 和 5.0×10^{-13} g/mL。总体来说，该研究基于阴极放大策略，建立了一种基于分裂模式的高灵敏双极电化学发光检测方法。此外，该方法在测定人血清样品 Myo 中表现出良好的性能。所开发的基于阴极信号放大策略的双极电化学发光生物传感器可以成为未来痕量生物标志物分析的工具。

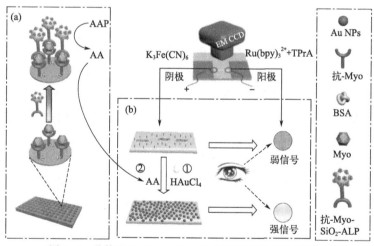

图 6.4　分体式双极电化学发光免疫传感器结构示意图

（a）96 孔板免疫传感设计 j；（b）Myo 闭合双极电化学发光可视化检测设计[30]

6.3.2　电化学发光免疫分析在食品监测中的应用

食品质量安全与人类健康密切相关，面对不断发生的食品安全事件，质谱、色谱、光谱学、电化学等多种分析技术在食品分析中得到了应用。高灵敏度检测通常需要昂贵的仪器和复杂的操作程序。虽然这些现代分析技术能够满足食品领域的检测分析，但受成本、实用性和分析速度的影响，它们的应用受到了一定限制。目前，各种新型分析技术已被应用到食品分析中。其中，电化学发光可以快速、低成本、灵敏地检测复杂样品中的各种污染物，在食品检测方面具有独特的优势。

肉毒杆菌神经毒素（BoNTs）是肉毒中毒的病原体，是一类致命的细菌毒素[31-33]。近年来，利用化学发光捕获酶联免疫吸附试验（ELISA）原理已开发出用于检测 BoNTs 血清型 A 和 B 的高亲和力单克隆抗体（Mab）。为了提高食品和血清等复杂基质中的毒素检测水平，Cheng[34]等使用 Meso Scale Discovery 开发的新的电化学发光免疫分析平台评估了现有抗毒素单克隆抗体的性能。在对比中，ELISA 和电化学发光免疫分析法对 BoNTs/A 的检出限（LODs）分别为 12pg/mL 和 3pg/mL，对 BoNTs/B 的检出限分别为 17pg/mL 和 13pg/mL。总体来看，ELISA 法和电化学发光法均比"金标准"小鼠生物测定法更灵敏。电化学发光法在大多数添加了 BoNTs/A 的食品和一些添加了 BoNTs/B 的食品中检测灵敏度优于 ELISA 法。

Kang[35] 等构建了一种基于金纳米粒子（Au NPs）和 CdS 量子点（QDs）的三明治型电化学发光免疫传感器，用于检测微胱氨酸-亮氨酸-精氨酸（MCLR）。他们使用透射电子显微镜（TEM）、光致发光光谱、紫外-可见吸收光谱对 CdS 量子点进行了结构表征；利用电化学阻抗谱（EIS）表征了免疫传感器的制备过程。在含有 0.1mol/L $K_2S_2O_8$ 和 0.1mol/L KCl 的磷酸盐缓冲溶液（PBS，pH＝7.4）中，CdS 量子点与 $S_2O_8^{2-}$ 的还原产物之间通过电子转移反应发出了强烈而稳定的电化学发光信号。在最佳实验条件下，电化学发光免疫传感器对 MCLR 的线性响应范围为 0.01～50μg/L，检出限低至 0.0028μg/L。此外，所构建的免疫传感器具有良好的选择性、稳定性和可重复性。

转基因（GM）抗虫作物的使用引起了公众对有毒 Cry 蛋白（如 Cry1Ab）释放到土壤中造成的生态环境风险的极大关注。因此，测定 Cry 蛋白水平和转基因作物含量具有重要意义。无标记电化学发光免疫分析法具有固有的高灵敏度和简便性，并可以很容易地开发成为便携式传感器，从而实现更实用和可量化的蛋白质分析。Gao 等[36] 使用新型碳纳米球（C NPs）无标记电化学发光免疫传感器进行 Cry1Ab 和转基因作物高灵敏定量分析。在这项工作中，他们以一种简单的方法从打印机墨粉中制备了新型 C NPs，并与抗 Cry1Ab 抗体连接以修饰金工作电极。Cry1Ab 与其抗体之间的免疫反应在传感器的生物受体区域形成免疫复合物，从而抑制了电极表面与电化学发光物质之间的电子转移，导致电化学发光强度降低。在最优实验条件下，制备的无标记电化学发光免疫传感器在 0.010～1.0ng/mL 的线性范围内可以检测 Cry1Ab，检测限为 3.0pg/mL。同时，该方法成功地应用于转基因水稻 BT63 和转基因玉米 MON810 的检测，检测精度分别为 0.010％ 和 0.020％。该方法具有灵敏度高、选择性高、制备简单、检测速度快、成本低等突出优点，可作为一种强有力的、开创性的转基因作物检测工具。

Chen[37] 等构建了一种基于 MXene 催化的法拉第笼型电化学发光免疫传感器，用于检测转基因作物中 Cry1Ab 蛋白的转基因成分。在该体系中，捕获单元 Fe_3O_4-Ab_1 由捕获抗体 Ab_1 包覆的 Fe_3O_4 纳米颗粒组成，信号单元 MXene-PTCA-Ab_2 是同时具有电化学发光标记 3，4，9，10-苝四羧酸（PTCA）和识别抗体 Ab_2 的二维导电材料 MXene。在靶 Cry1Ab 存在的情况下，通过形成捕获单元-Cry1Ab-信号单元免疫复合物，构建法拉第笼型电化学免疫传感器。除了法拉第笼型传感器构建模式固有的高灵敏度外，信号单元中的 MXene 催化溶解氧还原形成活性氧，加速电化学发光反应，导致 PTCA 的二次电化学发光增强，从而获得更高的检测灵敏度。在最优的实验条件下，Cry1Ab 蛋白和转基因玉米 MON810 的定量检测范围分别为 0.005～100ng/mL 和 0.005％～2.0％，检出限分别为 0.001ng/mL 和 0.001％。该免疫传感器为构建基于多功能纳米材料的免疫检测信号单元提供了新的思路，尤其是实际样品的成功检测，显示了其在农业和食品安全领域的良好应用前景。

黄曲霉素 B_1（AFB_1）主要是由曲霉真菌产生的次生代谢物，是毒性最强的真菌毒素之一，对人和家畜具有高度的肝毒性、致癌性、致畸性、诱变性和免疫毒性。它已被列为 1A 类致癌物，并可在各种基质中以痕量水平被发现。许多国家规定 AFB_1 的最大可接受水平为 $\mu g/kg$（ppb）。因此，十分有必要开发一种可靠的、灵敏的 AFB_1 检测方法，用于检测 AFB_1 的浓度，从而降低暴露风险，减少监管和贸易损失。除了传统的真菌毒素检测分析工具外，开发一种简单、易于操作且具有成本效益的生物传感策略，用于真菌毒素的 AFB_1 敏感检测是非常必要的。$Sun^{[38]}$ 等设计了一种基于 ZnCdS@ZnS 量子点（QDs）的无标记电化学发光免疫传感器，用于黄曲霉毒素 B_1（AFB_1）的灵敏检测。全氟磺酸型聚合物溶液将大量量子点组装在 Au 电极表面作为电化学发光信号探针，并以特殊偶联的抗 AFB_1 抗体作为捕获单元。由于电解质中的 $S_2O_8^{2-}$ 与电极上的量子点之间的还原反应导致电化学发光，因此记录样品中目标 AFB_1 引起的电化学发光信号下降以进行量化。该电化学发光免疫传感器具有良好的灵敏度，在 $0.05\sim100ng/mL$ 的较宽浓度范围内对 AFB_1 的检出限低至 $0.01ng/mL$。

这种新型免疫传感器的优势可以概括如下。①该方法引入了通过加入全氟磺酸型聚合物溶液稳定组装量子点的扩增策略。此外，与纯量子点相比，包覆 ZnS 的 ZnCdS 量子点更加环保，核壳量子点增强了电化学发光强度，获得了较强的电化学发光信号；②使用全氟磺酸型聚合物溶液作为成膜溶液，使得大量的量子点以及抗 AFB_1 抗体 Ab 和 AFB_1 稳定地结合在工作电极表面，从而提高了灵敏度；③无标签电化学发光免疫传感器的开发省去了传统免疫测定中额外的"标记"步骤和使用二抗的需要，这大大缩短了分析的时间和降低了成本；④该方法将高灵敏的电化学发光技术与微量水平的小分子检测技术相结合，通过特异性抗体捕获靶蛋白，并将其用于信号放大；⑤为复杂中药基质中多目标不受其复杂成分干扰的痕量检测提供了传感平台。对莲子样品的测试证实，所开发的电化学发光免疫传感器具有较高的选择性、稳定性和重复性，可快速、高效、灵敏地检测复杂基质中的痕量 AFB_1。

6.3.3 电化学发光免疫分析在其他检测方面的应用

$Xue^{[39]}$ 开发了一种基于 TP-COOH NCs 的电化学发光和聚集诱导发光（AIE）的多功能新型猝灭电化学发光免疫传感器，如图 6.5 所示。一方面，在 $-1.15V$ 激发的阴极发射可以减少高电位下活性氧产生的发光，另一方面，这种低电位可以进一步保护免疫分子的活性。同时，涂层可以降低界面阻抗，完成功能化。基于 TP-COOH NCs 与铁掺杂羟基磷灰石（Fe-HAP）之间的电子转移和能量转移的协同效应，可以实现该电化学发光传感平台的高效率。所建立的用于检测微量细胞角蛋白 19 片段 21－1（CYFRA21－1）的电化学发光免疫传感器的检出限低至 0.01471pg/

mL（S/N＝3）。该研究首次报道了 TP-COOH 碳纳米管的阴极电化学发光现象，并且证实了它是一种新颖、有效和有前景的电化学发光传感策略。同时，基于 TP-COOH NCs 与 Fe-HAP 之间良好的能级匹配光谱重叠能量转移，构建了一个高性能电化学发光传感平台，其具有多功能、简便、超灵敏、可回收、对复杂生物样品中痕量生物标志物检测足够简单的特点，该免疫传感器不仅丰富了电化学发光策略研究，为基础临床检测提供了一种可行的方法，而且扩大了电化学发光传感器在生物检测和临床高通量诊断中的应用。

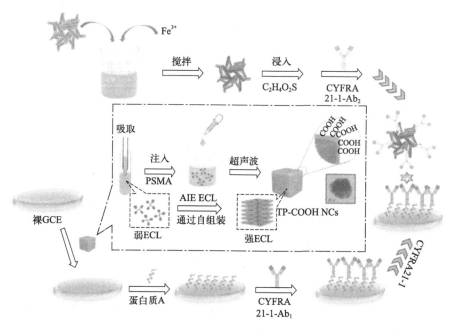

图 6.5　免疫传感器的制备机理及介绍[39]

Gan[40] 等研究基于自增强型发光团和超薄二维镍多孔有机材料（MOF）纳米片，制备了一种新型电化学发光免疫传感器，用于心型脂肪酸结合蛋白（h-FABP）的灵敏和特异性检测。首先，他们合成了具有高比表面积和丰富活性位点的多孔超薄 Ni-TCPP（Fe）纳米片，该纳米片可以有效分解 H_2O_2 而产生具有优异活性的过氧化物酶，进而增强鲁米诺的电化学发光信号。然后，将聚酰亚胺（PEI）和鲁米诺同时固定在 Ni-

TCPP（Fe）纳米片上，构建自增强型固态发光团［Ni-TCPP（Fe）-PEI-Lum］，其具有良好的稳定性和较高的电化学发光效率。此外，聚吲哚-5-羧酸（PICA）作为底物具有优异的导电性和丰富的结合位点以提高该电化学发光体系的灵敏度。在最佳条件下，所设计的电化学发光免疫传感器具有 $100\sim100ng/mL$ 的宽动态范围和 $44.5fg/mL$ 的低检出限。此外，该电化学发光免疫传感器具有良好的特异性，已成功地应用于复杂生理基质中靶 h-FABP 蛋白的检测。因此，该研究可为临床诊断中生物标志物的检测提供一种替代方法，并扩大二维 MOF 纳米片在电化学发光技术中的应用。

　　迄今为止，各种分析技术，如光谱学、电化学分析、质谱分析和成像技术已成功应用于单细胞分析。将高效电化学发光传感器与基于双电极的高特异性免疫分析相结合，也可实现对单细胞及其蛋白质的电化学发光成像分析。在这方面研究中，Cao 等[41] 利用异质 $Ru(bpy)_3{}^{2+}@SiO_2/Au$ 纳米颗粒的功能纳米探针，开发了一种简单的基于封闭双电极的电化学发光（BPEs-ECL）成像策略，被应用于血清样品和单个癌细胞表面的 PSA 视觉评估。他们基于阳极和阴极的协同放大效应，在检测体系中引入了多辅助电化学发光信号放大策略。基于协同放大效应，光电倍增管和电荷耦合器件（CCD）成像的 PSA 检出限分别低至 $3.0pg/mL$ 和 $31pg/mL$。总的来看，所提出的电化学发光传感平台具有三个优异的性能：首先，封闭的 BPEs 可以避免电活性化合物与共反应物中间体之间的相互作用，从而猝灭电化学发光信号，进而降低了视觉灵敏度；其次，将 $Ru(bpy)_3{}^{2+}@SiO_2/Au$ NPs 作为信号传输器的阳极放大与 $K_3Fe(CN)_6$ 浸出 Au/ITO 杂化 BPEs 的阴极放大相结合，产生协同放大效应；最后，所提出的策略被成功用于体液和单细胞表面的蛋白质视觉分析。该研究实现了单细胞肿瘤标志物的无线、灵敏的视觉免疫测定。在未来，很可能实现对单细胞靶标的定量视觉免疫测定。

　　Ugo 等人利用模板金纳米电极（NEEs）作为检测平台，设计了一种基于电化学发光策略检测抗转谷氨酰胺酶 2 型抗体（anti-tTG）IgG 的新型免疫传感器[42]。该方法的主要创新在于将 Au NEEs 初始电化学反应装置（即共反应剂的氧化）与发光团标签固定在聚碳酸酯（PC）底物上，实现了对电化学发光区域之间的物理分离，如图 6.6 所示。具体而言，首先将捕获剂 tTG 结合到 NEEs 修饰的 PC 上，然后与目标分析物抗转谷氨酰胺酶 2 型抗体反应，然后通过与合适的生物素化二抗反应，实现链霉亲和素修饰的钌基电化学发光体的固定化。由于发光平台具有定制架构，TPrA 共反应剂在纳米电极上会被氧化，并且由此产生的自由基扩散到金纳米电极的所有区域以实现对 Ru(bpy)$_3$$^{2+}$ 电化学发光信号的标记。

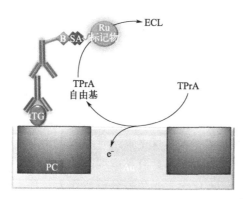

图 6.6　新型免疫传感器的设计方案（非按比例）[42]

　　免疫传感器可以为抗 tTG 浓度检测提供电化学发光信号，这种设计的一个显著优点是在较低的电位下就可以获得较强的电化学发光信号，从而大大减少了可氧化样品中副反应的干扰，还可以最大限度地减少敏感生物分子的电化学损伤。该研究证明了纳米电极可成功用于检测靶蛋白，特别是检测血清诊断生物标志物的抗 tTG 抗体。基于 NEE 的电化学发光传感器还具有灵敏度高、检出限低和动态范围宽的特点，并可为人血清诊断分析提供有用的信息。通过使用相同的 NEE 平台来固定其他捕获剂，这种优势可以扩展到其他电化学发光传感器，适用于更多的抗原/抗体或寡核苷酸靶标的生物识别。

6.4　展望

　　电化学发光已成为对多种分析物进行超灵敏检测的重要工具，其固有的高灵敏度、低背景干扰、简便性、可控性仍然是电化学发光检测发展的强大驱动力。近年来，研究者们采用多种策略来提高电化学发光检测的高效性。这些成果包含了电化学发光传感器和设备的新变化，拓宽了电化学发光的传感策略，推动了高通量和便携式电化学发光检测特别是免疫检测

和基因检测的发展，甚至提供了一种新的生物成像方法。目前，一些高通量电化学发光免疫分析技术已经商业化，如罗氏公司的 Elecsys 技术和 Meso Scale Diagnostics 公司的 MULTI-ARRAY 技术。这些商业化的电化学发光免疫测定方法具有高灵敏度、宽动态范围和低背景干扰的特点。与传统的酶联免疫吸附测定（ELISA）相比，这些体系使用更加方便快捷。他们可以在血清、血浆、细胞上清液甚至全血等多种样品类型中获得临床数据。然而，这些商业化的电化学发光免疫测定主要基于钌络合物和三丙胺的电化学发光反应。因此，尽管商业化的电化学发光免疫测定法具有各种优势，但许多实验室发现 ELISA 提供的材料相对便宜。可喜的是，一些低成本电化学发光材料和上述基于纸质的便携式设备的新型检测方法可能会给商业化的电化学发光技术带来辉煌的未来。

电化学发光免疫分析技术具有灵敏度高、稳定性好、响应快、可控性简单等特点。因此，电化学发光免疫分析法作为一种重要而强大的分析工具，在病毒、细菌和蛋白质生物标志物等各种分析物的超灵敏检测中受到了广泛的关注。近年来，电化学发光免疫分析法被广泛应用于临床疾病诊断、环境检测与食品检测等领域，均取得了较好的应用效果。研究者在如何提高电化学发光免疫诊断的敏感性和特异性方面一直在不断努力。通过优化标记技术，合成新的发光标记物，可以显著提高电化学发光免疫分析方法的灵敏度和准确性，使其从定性步入定量化。目前已有一些电化学发光自动免疫分析方法实现了临床检测各种激素、肿瘤标志物等物质。总之，电化学发光在免疫检测中和其他分析手段相比较有一定优势，是一种很有发展前途的免疫学检测技术，代表了未来实验室免疫检测技术的发展趋势和方向。

尽管电化学发光免疫分析领域取得了突飞猛进的发展，但未来一些巨大的挑战仍有待解决。到目前为止，大多数纳米发光体的电化学发光效率都低于 $Ru(bpy)_3^{2+}$。因此，开发新型、稳定、高效、低成本的电化学发光团仍是电化学发光研究的重点课题之一。虽然目前已经设计出了多种信号放大策略，但在新颖高效的传感方法方面仍有很大的创新空间。开发基于微流控技术、双极电化学和无线系统的电化学发光体系，实现高通量和即时检测，以满足 ASSURED 标准的要求，仍然是一个巨大的挑战。

目前的电化学发光检测主要基于光电倍增管的电位分辨信号变化。由于光电倍增管仅测量发射光子的全局数量，因此难以对电化学发光进行完全定量的测量。此外，由于不同发光体之间的电位差较小，大多数发光体的波长可以很容易地从可见光区调谐到红外区。因此，基于长波长的电化学发光在多变量分析中具有很好的应用前景。

参考文献

[1] Babamiri B, Bahari D, Salimi A. Highly sensitive bioaffinity electrochemilumines-cence sensors: Recent advances and future directions[J]. Biosensors and Bioelec-tronics, 2019, 142: 111530.

[2] Ohkaru Y, Asayama K, Ishii H, et al. Development of a sandwich enzyme-linked immunosorbent assay for the determination of human heart type fatty acid-binding protein in plasma and urine by using two different monoclonal antibodies specific for human heart fatty acid-binding protein[J]. Journal of Immunological Methods, 1995, 178(1): 99-111.

[3] Savin M, Mihailescu C M, Matei I, et al. A quantum dot-based lateral flow immu-noassay for the sensitive detection of human heart fatty acid binding protein (hFABP) in human serum[J]. Talanta, 2018, 178: 910-915.

[4] Huang Y, Gao L, Cui H. Assembly of multifunctionalized gold nanoparticles with chemiluminescent, catalytic, and immune activity for label-free immunoassays[J]. ACS Applied Materials & Interfaces, 2018, 10(20): 17040-17046.

[5] Pérez-Ibave D C, Burciaga-Flores C H, Elizondo-Riojas M Á. Prostate-specific an-tigen (PSA) as a possible biomarker in non-prostatic cancer: A review[J]. Cancer Epidemiology, 2018, 54: 48-55.

[6] Kong R M, Ding L, Wang Z, et al. A novel aptamer functionalized MoS_2 nanosheet fluorescent biosensor for sensitive detection of prostate specific antigen[J]. Analyti-cal & Bioanalytical Chemistry, 2015, 407(2): 369-377.

[7] Lang Q, Wang F, Yin L, et al. Specific probe selection from landscape phage dis-play library and its application in enzyme-linked immunosorbent assay of free pros-tate-specific antigen[J]. Analytical Chemistry, 2014, 86(5): 2767-2774.

[8] Xu D D, Deng Y L, Li C Y, et al. Metal-enhanced fluorescent dye-doped silica nanoparticles and magnetic separation: A sensitive platform for one-step fluores-cence detection of prostate specific antigen[J]. Biosens and Bioelectron. 2017, 87: 881-887.

[9] Yang L, Li Y, Zhang Y, et al. 3D nanostructured palladium-functionalized gra-phene-aerogel-supported Fe_3O_4 for enhancedRu (bpy) $_3^{2+}$ -based electrochemilumi-

nescent immunosensing of prostate specific antigen[J]. ACS Applied Materials & Interfaces, 2017, 9(40): 35260-35267.

[10] Wang H, Zhang Y, Li H, et al. A silver-palladium alloy nanoparticle-based electrochemical biosensor for simultaneous detection of ractopamine, clenbuterol and salbutamol[J]. Biosens and Bioelectron. 2013, 49: 14-19.

[11] Mandal S, Roy D, Chaudhari R V, et al. Pt and Pd nanoparticles immobilized on amine-functionalized zeolite: Excellent catalysts for hydrogenation and heck reactions[J]. Chemistry of Materials, 2004, 16(19): 3714-3724. d.

[12] Ma H, Li X, Yan T, et al. Electrochemiluminescent immunosensing of prostate-specific antigen based on silver nanoparticles-doped Pb (Ⅱ) metal-organic framework[J]. Biosensors and Bioelectronics, 2016, 79: 379-385.

[13] Li X, Li Y, Feng R, et al. Ultrasensitive electrochemiluminescence immunosensor based on Ru (bpy)$_3^{2+}$ and Ag nanoparticles doped SBA-15 for detection of cancer antigen 15-3[J]. Sensors and Actuators B: Chemical, 2013, 188: 462-468.

[14] Zhao Y, Wang Q, Li J, et al. A CeO$_2$-matrical enhancing ECL sensing platform based on the Bi$_2$S$_3$-labeled inverted quenching mechanism for PSA detection[J]. Journal of Materials Chemistry B, 2016, 4(17): 2963-2971.

[15] Ma H, Zhou J, Li Y, et al. A label-free electrochemiluminescence immunosensor based on EuPO$_4$ nanowire for the ultrasensitive detection of Prostate specific antigen[J]. Biosensors and Bioelectronics, 2016, 80: 352-358.

[16] Deng S, Lei J, Liu Y, et al. A ferrocenyl-terminated dendrimer as an efficient quencher via electron and energy transfer for cathodic electrochemiluminescent bioanalysis[J]. Chemical Communications, 2013, 49(21): 2106-2108.

[17] Zhou Y, Chen S, Luo X, et al. Ternary electrochemiluminescence nanostructure of Au nanoclusters as a highly efficient signal label for ultrasensitive detection of cancer biomarkers[J]. Analytical Chemistry, 2018, 90(16): 10024-10030.

[18] Yuan F, Zhao H, Liu M, et al. Visible assay for glycosylase based on intrinsic catalytic ability of graphene/gold nanoparticles hybrids[J]. Biosensors and Bioelectronics, 2015, 68: 7-13.

[19] Zhang L, He Y, Wang H, et al. A self-enhanced electrochemiluminescence immunosensor based on l-Lys-Ru (dcbpy)$_3^{2+}$ functionalized porous six arrises column nanorods for detection of CA15-3[J]. Biosensors and Bioelectronics, 2015, 74: 924-930.

[20] Jiang X, Wang H, Wang H, et al. Self-enhanced *N*-(aminobutyl)-*N*-(ethylisoluminol) derivative-based electrochemiluminescence immunosensor for sensitive

laminin detection using PdIr cubes as a mimic peroxidase[J]. Nanoscale, 2016, 8 (15): 8017-8023.

[21] Wang H, Yuan Y, Zhuo Y, et al. Sensitive electrochemiluminescence immunosensor for detection of N-acetyl-β-D-glucosaminidase based on a "light-switch" molecule combined with DNA dendrimer[J]. Analytical Chemistry, 2016, 88 (11): 5797-5803.

[22] Wang H, Yuan Y, Zhuo Y, et al. Self-enhanced electrochemiluminescence nanorods of tris (bipyridine) ruthenium (Ⅱ) derivative and its sensing application for detection of N-acetyl-β-D-glucosaminidase[J]. Analytical Chemistry, 2016, 88 (4): 2258-2265.

[23] Liu X, Jiang H, Fang Y, et al. Quantum dots based potential-resolution dual-targets electrochemiluminescent immunosensor for subtype of tumor marker and its serological evaluation[J]. Analytical Chemistry, 2015, 87(18): 9163-9169.

[24] Roushani M, Valipour A, Valipour M. Layer-by-layer assembly of gold nanoparticles and cysteamine on gold electrode for immunosensing of human chorionic gonadotropin at picogram levels[J]. Materials Science and Engineering: C, 2016, 61: 344-350.

[25] Qin D, Jiang X, Mo G, et al. Electrochemiluminescence immunoassay of human chorionic gonadotropin using silver carbon quantum dots and functionalized polymer nanospheres[J]. Microchimica Acta, 2020, 187: 1-13.

[26] Ala-Kleme T. Heterogeneous time-resolved electrochemiluminoimmunoassay of thyroid stimulating hormone with magnetic beads at oxide-covered aluminum electrode[J]. Journal of Luminescence, 2017, 186: 183-188.

[27] Zhou X, Zhang W, Wang Z, et al. Ultrasensitive aptasensing of insulin based on hollow porous $C_3N_4/S_2O_8{}^{2-}$/AuPtAg ECL ternary system and DNA walker amplification[J]. Biosensors and Bioelectronics, 2020, 148: 111795.

[28] Gou L, Sheng Y, Peng Q, et al. Ternary nanocube-based "off-on" blinking-type electrochemiluminescence towards enzyme-free detection of hepatitis B virus (HBV)-related DNA [J]. Sensors and Actuators B: Chemical, 2020, 312: 127987.

[29] Chen J, Cheng G, Wu K, et al. Sensitive and specific detection of ractopamine: An electrochemiluminescence immunosensing strategy fabricated by trimetallic Au @ Pd@ Pt nanoparticles and triangular gold nanosheets[J]. Electrochimica Acta, 2020, 361: 137061.

[30] Wang Y L, Zhao L Z, Chen C, et al. A bipolar-electrochemiluminescence split-

type immunoassay based on a cathodic amplification strategy[J]. Journal of Electroanalytical Chemistry, 2023, 930: 117153.

[31] Arnon S S, Schechter R, Inglesby T V, et al. Botulinum toxin as a biological weapon: Medical and public health management[J]. The Journal of the American Medical Association, 2001, 285: 1059-1070.

[32] Bigalke H, Rummel A. Medical aspects of toxin weapons[J]. Toxicology, 2005, 214: 210-220.

[33] Simpson L L. Identification of the major steps in botulinum toxin action[J]. Annual Review of Pharmacology and Toxicology, 2004, 44: 167-193.

[34] Cheng L W, Stanker L H. Detection of botulinum neurotoxin serotypes A and B using a chemiluminescent versus electrochemiluminescent immunoassay in food and serum[J]. Journal of Agricultural and Food Chemistry, 2013, 61(3): 755-760.

[35] Zhang J J, Kang T F, Hao Y C, et al. Electrochemiluminescent immunosensor based on CdS quantum dots for ultrasensitive detection of microcystin-LR[J]. Sensors and Actuators B: Chemical, 2015, 214: 117-123.

[36] Gao H, Wen L, Wu Y, et al. An ultrasensitive label-free electrochemiluminescent immunosensor for measuring CrylAb level and genetically modified crops content [J]. Biosensors and Bioelectronics, 2017, 97: 122-127.

[37] Chen X, Zhang D, Lin H, et al. MXene catalyzed Faraday cage-type electrochemiluminescence immunosensor for the detection of genetically modified crops[J]. Sensors and Actuators B: Chemical, 2021, 346: 130549.

[38] Sun C, Liao X, Jia B, et al. Development of a ZnCdS@ ZnS quantum dots-based label-free electrochemiluminescence immunosensor for sensitive determination of aflatoxin B_1 in lotus seed[J]. Microchimica Acta, 2020, 187: 1-9.

[39] Xue J, Yang L, Du Y, et al. Electrochemiluminescence sensing platform based on functionalized poly-(styrene-co-maleicanhydride) nanocrystals and iron doped hydroxyapatite for CYFRA 21-1 immunoassay[J]. Sensors and Actuators B: Chemical, 2020, 321: 128454.

[40] Gan X, Han D, Wang J, et al. A highly sensitive electrochemiluminescence immunosensor for h-FABP determination based on self-enhanced luminophore coupled with ultrathin 2D nickel metal-organic framework nanosheets[J]. Biosensors and Bioelectronics, 2021, 171: 112735.

[41] Cao J T, Wang Y L, Zhang J J, et al. Immuno-electrochemiluminescent imaging of a single cell based on functional nanoprobes of heterogeneous Ru (bpy)$_3$$^{2+}$ @

SiO$_2$/Au nanoparticles[J]. Analytical Chemistry，2018，90(17)：10334-10339.

[42] Habtamu H B，Sentic M，Silvestrini M，et al. A sensitive electrochemilumines-cence immunosensor for celiac disease diagnosis based on nanoelectrode ensembles [J]. Analytical Chemistry，2015，87(24)：12080-12087

第 7 章

电化学发光细胞传感器

7.1　电化学发光细胞传感器简介

癌症是人类健康的头号杀手[1]，全世界每年约有 1000 万人因为患癌症死亡。癌症病人死亡的主要原因是肿瘤细胞的侵袭及转移。因此，对癌细胞进行高灵敏、确切的检测有着十分重要的临床意义，比如肿瘤的早期诊断、预后判断、对疾病进行实时监测、制定或者调整治疗方案、新的治疗靶标等。细胞是生物有机体最基本的结构和功能单位，被称为最小的能够独立复制生命的"生命之砖"。细胞研究与生命科学的发展、医学治疗与临床诊断的进步以及公共卫生水平的提升均有着密切的关系。当细胞发生病变或癌变时，细胞内会发生明显的变化。对细胞的这些变化进行识别可以实现对癌细胞的有效检测。到目前为止，在癌细胞诊断中有许多先进的诊断方法和诊断工具，但通常需要昂贵的设备以及复杂的过程。此外，一些方法还受灵敏度低和重现性差的限制，因此需要开发更准确、更先进的设备及技术。

电化学发光（electrochemiluminescence，ECL）是目前生物传感和商业临床领域应用中最成功的技术之一，在临床诊断中表现出优异的性能。其既继承了传统发光技术的特点，也结合了电化学和光谱学的独特分析优势。电化学发光传感技术主要是利用光电倍增管（PMT）等光学感受器收集电极表面的产生的光子，经过放大处理后，输出相应的电化学发光信号。基于 PMT 的电化学发光装置构造简单，使用成本较低，已经在分析化学的许多领域中得到广泛应用，尤其是在医学研究和生命分析方面[2]。

细胞传感器也是发展最为迅速的一类生物传感器。细胞传感器是以细胞作为研究对象，将细胞自身、细胞上某些特征物质或细胞受激后的代谢产物转变成可分析的检测信号，用于定性或定量分析细胞的某些功能信息或监测细胞生命过程。对癌细胞的灵敏监测可以为监测疾病的进展提供更有效的方法[3]。根据测量方式的不同，细胞传感器的研究可分为细胞测定和细胞成像两大类[4]，具体包括细胞类型和浓度的检测，细胞生理参数和活性的测量，细胞表面或细胞内特定分子分布的鉴定，药物评价和筛选等。因此，近十年来开展了大量的细胞分析研究，包括荧光、表面增强拉曼散射、电化学、光电化学、电化学发光方法等，但实际临床诊断中存在操作设备复杂、检测过程耗时长、成本高等问题，限制了细胞的准确检测[5-6]。细胞传感器是电化学发光平台中另一个重要应用领域，它在早期癌症诊断中起到了重要作用。在这些细胞传感技术中，电化学发光分析方法因其在生物分析和临床检测方面的独特优势而备受关注。其中，基于电化学发光细胞传感器的设计和研究最为深入。首先，电化学发光分析不同于普通光致发光的分析方法，它的发射光不需要使用外部光源。在电化学发光过程中，处于激发态的物质是由电极处的高能电子转移反应产生的。与传统的光致发光传感系统相比，电化学发光系统不存在衍生的背景噪声（如自身荧光和散射光）。因此，电化学发光的灵敏度和信噪比得到了显著提高。其次，电化学发光信号可以通过施加在电极上的电位来精确控制。因此，电化学发光具有较高的重现性和准确性，有效解决了电化学分析的不足。第三，与传统的化学发光方法不同，电化学发光的定向和良好的电极修饰有助于构建高选择性的传感体系。目前，电化学发光技术已经应用于商业化诊断，并在免疫化学市场取得了重大成功，这些特点也充分体现了电化学发光在细胞分析中的优势。同时，电化学发光还以便携式的仪器降低了细胞传感器的检测成本和测量时间。除此之外电化学发光可以同时获得信息量丰富的电化学信号和光学信号，还可以通过对电极进行化学修饰来提高检测的灵敏度。更加重要的是，修饰后的电极往往能够特异性识别某些细胞，具有较好的专一性。细胞传感应用中的主要传感模式通常是根据电化学发光共振能量转移（ECL-RET）、表面增强电化学发光（SE-ECL）和电化学发光中间体的可控生成来设计的。近年来，电化学发光方法被证明在检测癌细胞浓度、研究生物分子在癌细胞表面的分布、监测细胞凋亡甚至单细胞分析方面具有选择性好、灵敏度高和成本低等特点。另一方面，纳米材料和分析设备的蓬勃发展也推动了电化学发光细胞传感器的不断进步。

7.2　电化学发光纳米细胞传感系统

为了满足疾病诊断的临床分析需求，开发一些简便的、高灵敏度的电化学发光方法，有助于提高临床疾病诊断的可靠性和效率。随着纳米技术的飞速发展，多种多样的纳米材料被用于电化学发光生物传感器的构建，用于传感器信号的放大以提高传感器的灵敏度[7-8]。为了获得较强的发光信号，大多数研究都致力于合成高效的纳米材料或使用纳米结构来修饰的电极，以及设计对信号分子（例如酶和氧化还原报告分子）敏感的细胞传感策略。例如，各种纳米材料已被用于锚定识别单元以特异性识别细胞，并作为纳米载体或纳米催化剂进行信号放大以提高检测的灵敏度。纳米材料不仅可以通过专门设计的捕获探针放大生物识别，而且还可以在催化活性之间产生协同效应，进行加速信号的传导。这些纳米材料普遍具有简便性、灵敏性、特异性、准确性和低成本等优点，不仅可以提高电子的传导速率，增加信噪比，而且还产生了可检测的信号，用于间接检测目标。

细胞检测的原理要求细胞传感器必须可靠、准确、灵敏，以提高细胞传感的效率。近年来电化学发光纳米传感体系得到了快速发展，在超灵敏分析和细胞成像等方面取得了一系列重大进展。电化学发光纳米传感器具有高选择性、超灵敏、重复性好、快速、检出量小等独特优势，为肿瘤诊断开辟了新的途径。随着电化学发光纳米传感器的发展，实现了单细胞的高通量分析、视觉检测和空间分辨电化学发光成像。电化学发光纳米传感器的创新包括电化学激发、共反应剂催化、光辐射和发光信号放大，涉及纳米技术、催化、光学和电化学等多个领域。电化学发光纳米传感系统在临床诊断中的应用前景对其他纳米传感器的研究具有指导意义。下面主要对电化学发光纳米传感器的构建模式、传感策略和肿瘤诊断应用进行探讨，讨论了电化学发光传感系统的组成，介绍了纳米传感系统的组成和信号放大方法，以及对肿瘤蛋白标志物检测，癌细胞鉴定和外泌体检测等，总结了近年来电化学发光纳米传感器在细胞传感领域的代表性应用进展。

7.2.1　纳米标记的电化学发光生物传感平台

发光材料对于构建高效的电化学发光体系至关重要。因此，研究可以增强物质发光的策略十分必要。在许多不同类型的电化学发光生物传感平台（包括细胞传感器）中，使用纳米标记的电化学发光是一种常见的策略。通过引入各种功能性纳米材料和适配体，用于有效的标记以及新型装置中，使得各类先进的电化学发光细胞传感器不断涌现出来。例如，Yu等人报道了一种多孔 AuPd 合金，用于纳米标记折纸电化学发光细胞传感装置，实现了对多种癌细胞的检测[9]。在微流控纸基电化学发光折纸细胞装置 μ-P 电化学发光中，细胞靶向适配体修饰的三维大孔金纸电极作为工作电极和细胞捕获平台。在纳米标记方面，他们通过 Con-A 对癌细胞表面甘露糖的特异性识别，将刀豆球蛋白-A-共轭多孔 AuPd 合金纳米颗粒（AuPd@Con-A）负载到癌细胞表面，可以催化过氧二硫酸盐电化学发光系统，对四种肿瘤细胞的细胞传感实验均取得了优异的分析效果。这种纸基的微流体细胞装置或所谓的纸上实验装置有助于开发简便、便携式、一次性和低成本的细胞传感平台。此外，他们还开发了一种类似的微流控纸基细胞装置，在纸工作电极（PWE）中培养金纳米花，由于金纳米花具有良好的生物相容性和较大的固定抗体比表面积，从而可有效促进电化学发光信号的传导。在修饰后的 PWE 中捕获 MCF-7 细胞，随后用电化学发光信号物质标记，制得三明治型细胞传感器。研究者们还合成了负载表面绒毛状金纳米笼的石墨烯量子点（GQDs）作为电化学发光信号物质，利用 GQDs@SVAu 纳米笼标记抗体对细胞表面的 CA153 进行识别产生的强电化学发光信号来原位测定 MCF-7 细胞表面的 CA153[10]。接着，他们进一步改进了基于双金属 AuPd 纳米颗粒的纸上实验细胞装置[11]，开发了一种新型的纸基电化学发光免疫传感器，采用 AuPd 纳米颗粒作为信号放大器，大孔金纸作为工作电极（Au-PWE）进行高效的细胞捕获。选择多孔 AuPd 纳米颗粒作为标记纳米材料，是因为其三维孔隙度可控，具有过氧化物酶活性，比表面积大，导电性好，对 H_2O_2 具有良好的催化活性，可以增强电化学发光强度，实现信号放大（图 7.1）。CdTe 量子点和鲁米诺基团作为电化学发光探针与抗体连接，用于识别细胞表面相应的抗原，与传统抗原传感器相比，它们之间的电位范围较宽，可以防止相互连接。利用该策略，以 MCF-7 活体癌细胞为模型，在 AFP 和 CEA 抗体上标记鲁米诺和 CdTe QDs 基团，通过电化学发光法分别检测人癌胚（CEA）和甲胎蛋白（AFP）抗原标记的正常细胞。该策略具有良好的分析性能，因此在癌症早期诊断中具有很好的应用前景。由此可见，纸基实验室或微流控纸基分析装置，不仅可以有效地减少试剂的消耗，减少昂贵样品的使用，还可以减少对外部仪器的依赖。

有报道称，AFP 可以通过控制跨膜信号转导通路介导人肝癌（HepG2）细胞生长的分子机制。因此，对复杂生物系统或细胞膜中 AFP 的灵敏检测对癌症的早期诊断具有重要作用[12]。受封闭双极电极（c-BPEs）系统在细胞黏附和疾病相关生物标志物电化学发光检测中应用的启发。吴等人通过间歇恒电位沉积制备规则均匀的金纳米线阵列。然后，

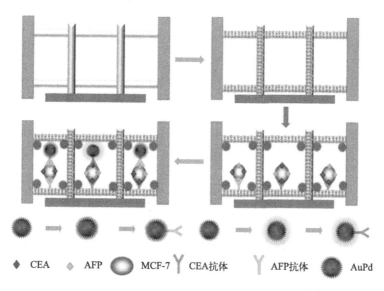

图 7.1　纸基电化学发光免疫传感器的制备过程[11]

将两个孔径为 2mm 的聚（二甲基硅氧烷）（PDMS）芯片作为储层放置在 Au 纳米线阵列的两侧，用以构建 c-BPEs 系统。与抗体偶联的硫氨酸功能化二氧化硅纳米粒子（Ab$_2$-Th@SiO$_2$）用作电化学纳米标记的信号探针，而 Ru(bpy)$_3^{2+}$ 包裹的 SiO$_2$ 纳米粒子（Ru(Ⅱ)@SiO$_2$）作为电化学发光的信号分子。以甲胎蛋白为模型，基于金纳米线阵列的 c-BPEs 系统在 0.002～50.0ng/mL 的线性范围内灵敏检测 AFP，也可检测出至少 6 个活细胞。此外，HepG2 细胞表达的 AFP 计算量为 6.71pg/细胞（图 7.2）。与此同时，所提出的高灵敏度策略为检测其他癌细胞和疾病相关的生物标志物（如蛋白质、聚糖、miRNA）也提供了一个有前景的通用平台[13]。

　　前列腺特异性抗原（PSA）是世界公认的前列腺癌临床诊断的生物标志物。研究表明，当 PSA 浓度上升至 2ng/mL 时，人体免疫系统更容易发生前列腺癌的发作。因此，迫切需要开发一种高灵敏度和高选择性的方法来快速、动态地检测人血清中的 PSA 浓度。过氧化氢（H$_2$O$_2$）在调控各种细胞生命过程中起着重要作用，因此，H$_2$O$_2$ 成为诊断和监测恶性癌细胞的理想生物标志物。许多用于 H$_2$O$_2$ 检测的分子传感探针已经被开发出来，然而探针的溶解度和靶向能力始终是生物应用中特别关注的问

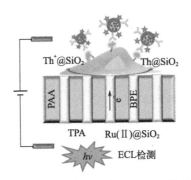

图 7.2　金纳米线阵列的 c-BPEs 系统检测
细胞表面蛋白示意图[13]

题。谢贵芬教授团队提出了一种独特的 FeMoOv 纳米酶-双极电极（NM-BPE）电化学发光生物传感和成像平台，实现了对过氧化氢和前列腺特异性抗原的灵敏检测。由于双极电极（BPE）的正极和负极具有可以分别修饰的优势，阳极配以电化学发光试剂三联吡啶钌 $[Ru(bpy)_3^{2+}]$，阴极配以具有优异类过氧化物酶（POD）和类过氧化氢酶（CAT）活性的掺铁钼/金纳米粒子（FeMoOv/Au NPs）。由于 FeMoOv/Au NPs 表现出高的类酶催化作用，可以极大地促进 H_2O_2 的分解，因此 NM-BPE 体系中的电子转移速率将大大加快，从而增强了 $Ru(bpy)_3^{2+}$ 的电化学发光信号。基于这一原理，实现了对 H_2O_2 的灵敏检测，而且巧妙地设计了一种以 FeMoOv/Au NPs 作为纳米标记的信号识别探针介导阳极上电化学发光响应的夹心传感器，实现了对 PSA 的高灵敏度检测[14]。吕等人利用牛血清蛋白（BSA）与 $CuSO_4$ 的配位作用，以及 $N_2H_4 \cdot H_2O$ 的强还原性，通过简便的一锅湿化学还原法合成了近红外（NIR）电化学发光铜纳米团簇（Cu NCs）。在过硫酸钾存在下，Cu NCs 具有较强的电化学发光强度。由于牛血清蛋白本身具有大量的氨基和羧基，与目标生物分子的结合位点丰富，因此使用以 BSA 为配体合成的 Cu NCs 作为纳米标记和以甲胎蛋白抗原作为目标蛋白制造了夹心型电化学发光传感器。在没有任何信号放大策略的情况下，传感器表现出较宽的线性范围和较低的检出限。这项工作将促进新型非贵金属纳米簇发光材料的发展和近红外电化学发光纳米材料在生物传感领域的应用[15]。

7.2.2　比率型纳米标记电化学发光细胞传感平台

经典的电化学发光传感器通常基于单信号，由于电极区域的变化、生物体固定以及非靶诱导试剂的降解等原因，通常存在再现性、可靠性差等缺点，已成为制约电导生物传感器应用的主要障碍。比率型分析法是一种成功应用于荧光分析的技术，它依赖于两个信号的比率，而不是绝对值，被认为是消除大部分干扰的理想方法，它为环境变化的归一化提供了更精确的测量方法。比率型电感应传感器是将比例技术与经典电感应传感器相结合，综合了两者的优点，弥补了传统电化学生物传感器的缺陷。传统的电化学发光方法是基于生物特征反应的位阻，酶催化反应中生成/消耗的反应物以及电化学发光共振能量传递的变化而建立起来的。然而，由于检测信号是通过电化学发光强度的单一信号变化获得的，假阳性或假阴性误差是不可避免的。因此，为了在不受干扰的情况下获得更有说服力的检测数据，研究人员对将新机制与现代分析技术相结合的有效电化学发光平台进行了长期研究[16]。为了克服以上不足，有必要通过引入一个荧光光谱峰来创建上述双电位比率型电化学发光测量策略。在分析应用中，它可以提供比单信号输出测量更精确的测量信号。在多变的外部环境下，通过对两个不同的发射器进行自校准，可以获得更精确的测量结果。电化学发光比率测定通常基于两种不同的电化学发光体，并且需要选择两种合适的发光体和共反应剂使其构建具有一定挑战性。目前，实现双信号比率型电化学发光策略的关键问题是寻找集成在全分析中的最佳双电化学发光体[17]。

He 等人开发了可重复使用的双电位响应电化学发光平台，用于同步细胞传感和细胞表面 N-聚糖的动态评估[18]。他们使用癌细胞识别的适体与捕获 DNA 杂交进行了细胞捕获实验，将阳极电化学发光标记 Ru (phen)$_3^{2+}$ 插入双链 DNA 的凹槽中。在靶细胞存在下，适体与靶细胞发生了特异性的相互作用从而可以捕获 DNA 和电化学发光探针 Ru (phen)$_3^{2+}$。另一方面，由于 g-C_3N_4 具有优异的阴极电化学发光特性，将刀豆蛋白 A 负载合金纳米颗粒修饰的石墨 C_3N_4（Con A@Au-C_3N_4）用作细胞表面 N-聚糖识别的负电化学发光标记。同时，选择电化学还原的二硫化钼纳米片作为信号放大的电极修饰材料。在该策略中，ConA@Au-C_3N_4 纳米探针的负信号与细胞浓度和 N-聚糖相关，而 Ru(phen)$_3^{2+}$

的电化学发光信号与电极上捕获的细胞密切相关。因此，基于负电位和正电位信号的电化学发光强度的比值，可以实现对细胞表面 N-聚糖的动态评估，该体系具有较高灵敏度和良好的选择性。最近，Chen 的团队开发了一种以石墨-C_3N_4 纳米片和 Ag-PAMAM-鲁米诺纳米复合物为电化学发光标记的比率型电化学发光细胞传感器[19]。ECL-RET 效应也应用于该体系中。他们制备了 Ag-PAMAM-鲁米诺纳米复合材料（Ag-PAM-AM-luminol），并用 DNA 探针将其功能化，与磁性微球上的适配体杂交。一旦靶细胞被适体捕获，纳米复合材料被释放并在捕获的 DNA 修饰的 g-C_3N_4 纳米片涂覆的 ITO 电极上进行杂交。由于 g-C_3N_4 纳米片对 Ag 纳米粒子的 RET 效应，g-C_3N_4 在 -1.25V（相对于 SCE）下的电化学发光信号会减弱，而鲁米诺在 $+0.45$ V（相对于 SCE）下的电化学发光信号增强。这两种信号的比值会随着靶细胞浓度的变化而变化（图 7.3）。

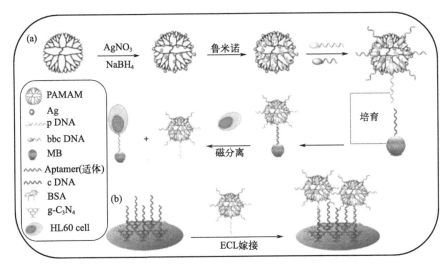

图 7.3　石墨-C_3N_4 纳米片和 Ag-PAMAM-鲁米诺纳米
复合物为标记的比率型电化学发光细胞传感器[19]

　　心血管疾病现在已经成为全球范围内，特别是发达国家中病人最主要的死亡原因，随着对其病理机制的不断研究，越来越多的研究认为微小RNA（miRNA），尤其是 miRNA-126，在血管的生成和修复过程中起着关键性的作用，是维持血管稳态的重要组成部分。miRNA-126 是目前唯一已知的在内皮细胞和定向造血干细胞中特异性表达的 miRNA，大量存在于内皮组织，并与高血压病、动脉粥样硬化、冠状动脉粥样硬化性心脏病（冠心病）、心力衰竭等心血管疾病密切相关。袁若教授等采用黑磷（BP）纳米片调制 CdTe 量子点（CdTe QDs）作为标记物，以 H_2O_2 和三丙胺（TPrA）分别作为阴极和阳极共反应剂，可以同时产生阴极和阳极的电化学发光信号。他们选择 MicroRNA-126（miRNA-126）作为模板靶点，研究了 BP-CdTe 量子点在基于单发射器的电化学发光比率检测中的应用。通过靶循环触发滚环扩增（RCA）反应，大量葡萄糖氧化酶（GOx）催化葡萄糖原位生成 H_2O_2，可以用作缓冲剂，进而猝灭以 TPrA 为共反应剂的阳极电化学发光，同时也增强了阴极电化学发光信号，从而实现了对 miRNA126 的超灵敏检测。他们以 TPrA-H_2O_2 为双共反应剂，BP-CdTe 量子点为发光体，提供了一种基于细胞传感的电化学发光比率型检测平台，有效扩大了基于单发射器的比率型电化学传感器在多种生物分析中的应用[20]。汪等人构建了一个基于恒定电阻集成 BPE 的视觉电化学发光比率型电化学生物传感器，实现了直观、准确、超灵敏的 miRNA-141 检测。只需要在 BPE 系统中插入一个恒定的电阻器，而不需要进行繁琐的样品处理步骤，从而使整个电路的总电阻变得更小。该类比率型电化学发光策略，有效地避免了外部因素的干扰，以具有高量子产率的发黄绿光的氮化硼量子点（BNQDs）作为阴极电化学发光试剂，筛选出电位和波长与 BNQDs 不同的钌吡啶配合物［Ru(bpy)$_3$］(PF$_6$)$_2$ 作阳极材料，该材料可以产生特征红光发射，其鲜明的颜色使检测结果更易于观察。此外，信号扩增策略也是 miRNA 超灵敏检测的前提。在 BPE 中引入了与 BPE 阴极平行的恒定电阻，使整个电路的电阻更小，从而提高了电化学发光信号，提高了特定驱动电压下的检测灵敏度。该技术还可用于区分前列腺疾病，当检测结果只有一条红色光斑时，即表示该样本为正常的人类血清；当同时有红绿和黄绿光斑时，则警告人类可能患有前列腺类疾病，在前列腺癌的诊断和早期治疗提供了重要的检测方法[21]。

核因子-B（NF-κB）是一种双链 DNA（ds DNA）结合转录因子（TF），在增强或降低与细胞存活、增殖和分化有关的一系列基因表达方面发挥着重要作用。NF-κB 的研究对于白血病、乳腺癌、肺癌、脑癌等癌症的预防具有重要意义。樊等人构建了基于 ECL-RET 的双波长比率型电化学发光生物传感器，以 Au-g-C$_3$N$_4$ 作为供体，Au@TAT 作为受体，用以高效检测 TFNF-κBp50。所提出的比率型电化学生物传感器具有极高的电化学发光效率，其检测限为 5.8pmol/L（3σ），范围为 10pmol/L～10nmol/L。此外，DNA 三维纳米结构（DTN）作为比率型电化学生物传感器的骨架，为 Au-g-C₃N₄ 和 Au @ TAT 之间的紧密结合提供了稳定可靠的传感平台，可以保护信号不被非结合蛋白和抗体的非特异性吸收所干扰。当构建 dsDNA-TF-抗体夹心结构时，该体系产生了按比例的电化学发光信号变化。此外，双波长比率型生物传感器在测定 NF-κBp50 方面显示出极好的可重复性和特异性，可以通过改变 dsDNA 结合序列和引入 dsDNA 结合物，在临床免疫分析中具有巨大的潜力，可用于其他结合蛋白的测定[22]。对 NF-κB 多组分的定量检测有利于抗癌治疗药物的研发以及自身免疫和炎症的临床诊断。

7.2.3　新型电化学发光纳米标记的细胞传感器

纳米材料可以用作信号调制器和协同反应催化剂，它们可以与传感平台上的发光团配合，提供可检测的电化学发光信号。其他基于新型电化学发光纳米标记的细胞传感器最近也有报道，例如以 CdSe/ZnS 量子点和金纳米复合材料作为电化学发光标记的多支 DNA 杂交链反应细胞传感器。Jie 等人利用 CdSe/ZnS 量子点（QDs）纳米簇在金纳米粒子（Au NPs）上的多支 DNA 杂交链反应（HCR）制备了一种新型的放大电化学发光信号探针，并开发了一种灵敏的电化学发光生物传感器用于检测癌细胞。首先，利用一种新的金纳米棒-赤铁矿纳米结构作为磁性纳米扩增平台，在电极上组装丰富的捕获 DNA 适体。然后，探针 DNA 与适体杂交，在Au NPs 上启动多支 HCR，大量量子点纳米簇显示出高强度的电化学发光信号。少量的靶细胞可以触发大量量子点的释放，导致电化学发光信号的显著扩增，用于癌细胞的灵敏检测。该量子点纳米簇作为电化学发光信号探针用于癌细胞的检测，在癌症的早期临床诊断中具有很大的应用潜力[23]。许等人设计了一种简单而灵敏的电化学发光细胞传感器，以共聚物还原催化剂作为一种具有高电催化活性的新型模拟过氧化物酶，用于还原 H₂O₂。在杂化纳米材料中原位引入金纳米粒子避免了复杂的修饰过程，并且由于氧化石墨烯、血红蛋白和金纳米粒子的协同作用，进一步提高了石墨烯家族复合材料的催化活性。所设计的电化学发光生物传感器可以特异性识别并结合细胞表面 N-聚糖（图 7.4），是一种新型超灵敏生物传感器，为使用简单的电化学方法超灵敏地检测与癌症相关的潜在生物过程提供了新的途径[24]。

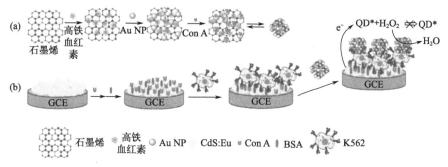

图 7.4　H-RGO-Au/Con A 的制备程序（a）与开发的电化学发光细胞传感平台（b）的示意图[24]

7.2.4　纳米标记的电化学发光细胞传感器检测细胞凋亡

单细胞分析有助于我们深入理解细胞行为，也能够为现代生物学和医药学的研究提供许多细节信息。基于纳米标记的电化学发光细胞传感器可实现细胞凋亡的检测。该平台采用膜联蛋白 A 修饰的 Ru（dcbpy）$_3^{2+}$-二氧化硅复合纳米粒子作为电化学发光标记物，以刀豆球蛋白作为电化学发光放大材料和捕获剂，成功应用于紫杉醇对乳腺癌细胞凋亡的影响研究。最近，Zhu 的团队开发了一种电化学发光细胞传感器，用于灵敏检测癌细胞分泌的半胱氨酸天冬氨酸蛋白酶-3（caspase-3）的活性[25]。半胱氨酸天冬氨酸蛋白酶-3 通常被视为细胞凋亡的生物标志物，因为它在癌细胞凋亡过程中很容易被激活。以 TPrA 为共反应剂，Ru(bpy)$_3^{2+}$ 掺杂的二氧化硅纳米粒子作为电化学发光标记物，多壁碳纳米管和金纳米粒子组成的纳米复合材料作为电极修饰材料，成功实现了对生物标志物半胱氨酸天冬氨酸蛋白酶-3 的超灵敏检测。将生物素化的肽固定在纳米复合材料上，利用生物素与链霉亲和素的特异性相互作用将修饰的电化学发光标记捕获到电极上，从而获得较强的电化学发光信号。随着细胞分泌的 caspase-3 特异性切割 DEVD 的 N 端，电化学发光标记物从电极表面释放，导致电化学发光信号减弱。因此，该生物传感器可以有效地应用于监测 caspase-3 的活性。Liang 等人报道了一种超灵敏的电化学发光细胞传感器，它使用标记为膜联蛋白 V 的自增强电化学发光钌-二氧化硅复合纳米颗粒（Ru-N-Si NPs）作为信号探针来监测细胞凋亡（图 7.5）。Ru-N-Si NPs 首先通过简单水解一种分子中包含发光和共反应活性基团的新型前体进行合成，由于其较短的电子传输路径和较少的能量损失，该前体具有更高的发射效率和增强的电化学发光强度。而且，该电化学发光细胞传感器已成功用于对 MDA-MB-231 乳腺癌细胞的检测，检测范围在 1nmol/L 至 200nmol/L，检出限为 0.3nmol/L。更高的准确性和出色的动态范围揭示了其在生物分子诊断和细胞检测中的潜在应用，尤其是在活体和复杂系统中[26]。

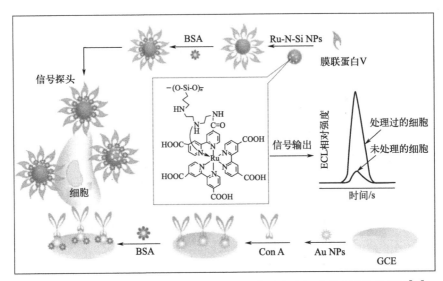

图 7.5　Ru-N-Si NPs 标记的膜联蛋白 V 和电化学发光细胞传感器的示意图[26]

由于单一肿瘤标志物的检测难以特异性识别特定肿瘤标志物，因此开发多生物标志物的高通量电化学发光分析对满足临床检测具有重要的诊断价值，可以最大限度地减少假阳性，提高诊断准确性。例如，Zhang 等人设计了一种流动注射型电化学发光纳米传感器，用于检测多种肿瘤标志物。他们将多种抗原固定在不同电极上后，采用被二氧化硅包覆的碳点作为夹心免疫法的电化学发光探针，实现了对抗体的有效标记[27]。Yuan 和 Cai 使用 CdS QDs 修饰的电化学发光传感体系，实现了对 microRNA-141 和 MMP-2 的超灵敏检测。该生物传感器能够显示 MMP-2 在癌症患者血清和癌细胞裂解物中的表达[28]。

7.3　无标记电化学发光细胞传感器

7.3.1　无标记纳米电化学发光细胞传感器

电池的绝缘层和生物识别反应的空间位阻可能导致来自电极表面的电化学发光信号被严重抑制，为构建无标记电化学发光细胞传感器提供了一种简单而经典的方法。近年来，为了提高无标记电化学发光细胞传感器的性能，研究人员开发了多种新型多功能纳米材料[29-31]。杨等人提出了一种简便、新颖的原位电化学合成 Ni-capped（NiS@CdS/PANINF）复合电化学发光纳米探针技术，用于制作电化学发光细胞传感器，实现对癌细胞的超灵敏检测。他们将聚苯胺纳米纤维（PANINF）薄膜电聚合到玻碳电极（GCE），并以 PANINF 为模板，采用原位电化学方法成功制备了 Ni-capped（NiS@CdS/PANINF）复合纳米探针。与在水溶液体系中合成的纯 CdS 纳米探针相比，所制备的纳米探针的电化学发光性能提高了约 5 倍。进一步，将适体修饰到电极表面制备得到的电化学发光细胞传感器，被鉴定为 MCF-7 癌细胞的识别元件。该电化学发光细胞传感器具有较高的灵敏度、选择性和稳定性，为开发电化学发光生物传感器系统提供了新的思路[29]。代等人成功构建了基于电化学发光技术的 CdS 修饰泡沫镍（FNs），用于癌细胞的有效检测。CdS 修饰的 FNs 底物具有电化学发光强度高、响应速度快、稳定性好等特点，为构建癌细胞电化学发光传感器提供了新的平台。他们将 3-氨基丙基三乙氧基硅烷和金纳米颗粒连续两步修饰到 CdS/FNs 上，不仅为抗体的结合提供了底物，而且有效地增强了电化学发光信号，在此基础上还制备了具有良好选择性、灵敏度、稳定性和可重复性的癌细胞生物传感器。通过对真实血清样品的初步检测，证明了这种多孔基质为临床领域的癌细胞检测提供了新的平台[31]。

另一个很好的例子是 Wang 小组报道的超顺磁功能化石墨烯 Fe_3O_4@Au 纳米复合材料的细胞传感应用。这种多功能纳米复合材料是由聚乙烯亚胺功能化石墨烯和氧化铁杂化物（BGNs/Fe_3O_4）以及鲁米诺功能化金纳米粒子集成，表现出良好的电化学发光行为和磁控制能力，并且能够显著促进电子转移。然后，以 HeLa 细胞（人宫颈癌细胞）检测为模型，基于电化学发光信号减小策略，研制了一种便携式、小型化的磁控固态电化学发光传感平台。该传感器在 HeLa 细胞检测中具有良好的稳定性、灵敏度和重复性。同时，该多功能纳米结构已被证明具有优异的电子转移、良好的稳定性和高发射强度等。此外，他们还成功开发了一个超灵敏的磁控固态电化学发光平台，使用该多功能复合材料无标记地测定 HeLa 细胞。磁控电化学发光生物传感平台具有优异的性能，实现了对 HeLa 细胞的高灵敏检测，线性范围为 $20 \sim 1 \times 10^4$ 个细胞/mL，表现出良好的稳定性和再现性[32]。另外一个例子是 Liu 等人报道的用于 HepG2 细胞的电化学发光细胞传感器，它将高度定向的 Cds 包覆 ZnO 纳米棒阵列制成的新型纳米复合材料用于电极的修饰。该纳米复合材料阵列具有优异的电化学发光性能、良好的稳定性和快速的检测响应速度，尤其是负载在垂直排列的 ZnO 纳米棒阵列上的 CdS 量子点具有较高的表面积，从而增强了电化学发光强度。随后，将三氨基丙基三乙氧基硅烷（APTES）接枝到纳米结构表面，由于 APTES 的氨基可以促进电化学发光反应中的自由基生成和电子转移过程，使得电化学发光强度进一步提高。将上皮细胞特异性标记抗体（Epcam 抗体）通过金纳米颗粒与 CdS 包裹的 ZnO 纳米棒阵列连接后，用于信号放大和细胞捕获抗体的修饰，不仅为抗体的偶联提供了底物，而且有效地增强了电化学发光信号，从而制备出了高性能的电化学发光免疫传感器，具有灵敏度高、特异性高、选择性好、稳定性好、制作工艺简单和便携性好等优点，因此是肿瘤细胞检测的理想选择。这种基于纳米复合材料阵列的无标记电化学发光细胞传感器对 HepG2 细胞在 $300 \sim 10000$ 个细胞/mL 的线性范围内较灵敏，这将为临床检测癌细胞提供一种灵敏度高、选择性强、方便的方法[33]（图 7.6）。

纳米材料的不断发展推动了电化学发光细胞传感技术的进步，基于纳米材料的电化学发光细胞传感器具有重要的临床应用价值，特别是对肿瘤的诊断。一方面，可以利用各种量子点（QDs）、碳点、纳米团簇（Nc）代替传统的三(2,2'-联吡啶)钌(Ⅱ) $[Ru(dcbpy)_3{}^{2+}]$ 和鲁米诺作为电化学发光团。此外，碳基纳米材料、贵金属纳米粒子等在电化学发光传感系统中被用作信号调制器和协同反应催化剂，以提高检测的灵敏度。另一方面，磁性纳米粒子、二氧化硅纳米球和其他纳米结构复合材料作为新型电池兼容识别界面或电极修饰材料被用于电化学发光传感平台。这些 NPs 和纳米结构复合材料显著改善了电化学发光反应中的电子传递，增加了有

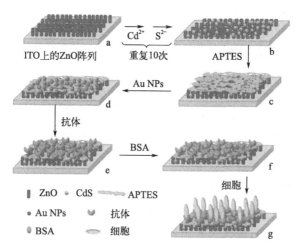

图 7.6　Cds 包覆 ZnO 纳米棒阵列的电化学发光传感器的制造过程中括号[33]

效电极表面，从而可以放大电化学发光信号并维持电极上的细胞活性。因此，开发具有这些显著优势的基于纳米复合材料的电化学发光细胞传感器将很容易根据临床需求扩展到细胞分析应用领域。

7.3.2　无标记电化学发光细胞传感设备

近年来，基于无标记电化学发光细胞传感平台的先进设备也得到了快速发展。Chen 团队在多通道双极电极芯片上开发了一种可视化的颜色开关电化学发光细胞传感器[34]，所用双极电极（BPE）是在他们之前用于细胞表面蛋白检测的电化学发光生物传感器中开发的[35]。BPE-电化学发光平台是基于嵌入 BPE 的微通道芯片构建的，当通过微通道芯片施加足够高的电位时，BPE 末端会以相同的速率发生氧化和还原反应。在这种情况下，阴极还原反应对阳极电化学发光反应有很大的影响。在颜色开关电化学发光细胞传感器中，微通道芯片有三个分离的储层，分别含有缓冲液、鲁米诺和 $Ru(bpy)_3^{2+}$/TPrA 溶液，以及两个 BPE 阵列。施加电压后，在一个 BPE 的阳极上观察到 $Ru(bpy)_3^{2+}$/TPrA 体系的橙色电化学发光现象。通过加入 H_2O_2 和脱氧核糖核酸酶，可以实现对橙色电化学发光的有效猝灭，同时在另一个 BPE 的阳极观察到鲁米诺发出的蓝色电化学发光信号。利用刺激癌细胞产生 H_2O_2 的特性，他们将该细胞传感器应用于 HL-60 肿瘤的定量检测（图 7.7）。最近，他们报道了另一种采用双电极芯片的电化学发光传感平台与阳极溶解相结合的时间传感平台，拓宽了 BPE 在细胞分析中的应用，大大提高了细胞分析的灵敏度[36]。BPE 阳极作为驱动电极，金纳米粒子由 DNA 双链组装而成，其电极工作站的原理是 Au 纳米片作为鲁米诺体系电化学发光反应的催化剂以及 Ag 层还原反应的起因，Ag 层溶解时间与 Ag 含量呈正相关，而与控制电位和电路电导率呈负相关，可以在检测过程中导致电导率的轻微变化。由于 Ag@Au 的形成，鲁米诺的电化学发光信号将会被完全猝灭，而电化学发光回收率可以反映出阳极溶出的程度。通过监测细胞孵育前后的电化学发光恢复时间，可以定量分析 MCF-7 和 A549 等细胞的电导率差异。

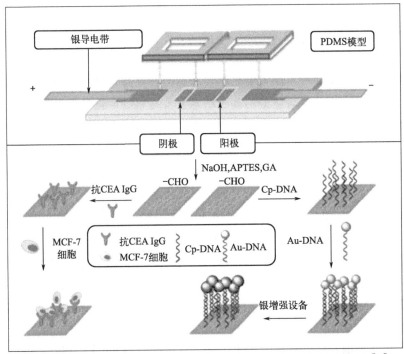

图 7.7　基于时间分辨率的电化学发光生物传感器原理图及检测机制[36]

孙等人设计了一种基于位阻效应变化的高灵敏度、高选择性 ERRα 的电化学发光生物传感器。首先在金电极表面修饰 ERRα 抗体。在没有 ERRα 的情况下，电化学发光指示剂[三(2,2′-联吡啶)二氯钌（Ⅱ）六水合物]更容易接触到抗体药物电极表面，从而导致电化学发光信号增强。

在存在 ERRα 的情况下，ERRα 可以通过抗体-抗原相互作用与电极表面的抗体特异性结合，从而导致电化学发光指示剂到达电极表面的位阻增大，因此检测到相对较弱的电化学发光信号。在 1.0～60ng/L 范围内，该体系的电化学发光响应与 ERRα 浓度呈良好的线性关系，检测限为 0.5ng/L。与传统的夹心免疫电化学发光检测系统不同，需要对二级抗体上的电化学发光指标进行修饰，该体系只使用了一种抗体。与常用的 ERRα 检测方法相比，该方法具有灵敏度较高以及特异性好等优点，已用于不同细胞中的 ERRα 检测（图 7.8）。与此同时，该方法也为雌激素依赖性肿瘤的检测提供了指导[37]。

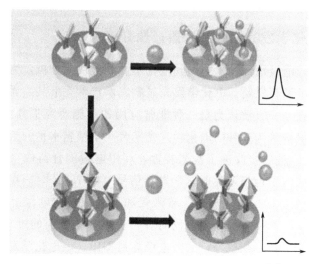

图 7.8　基于 ERRα 的电化学发光生物传感器[37]

7.4　电化学发光细胞传感器异质性分析

目前，以细胞群体作为研究目标所得到的传感信号是细胞表达物质或某一细胞过程的平均表现，忽略了细胞的异质性。单细胞分析是对细胞过程研究的具体化，能够有效避免细胞群体分析的局限性，可以准确地研究细胞代谢、细胞增殖、细胞内和细胞外的信息传递过程[38]。单细胞成像技术能够在单细胞水平上准确地反映出细胞之间的异质性。细胞异质性分析是生物分析领域的一个关键问题。然而，了解单个细胞如何反馈和响应各种信息是一个挑战性问题。单细胞分析可以在高分辨率下对细胞异质性进行有意义的研究，从而提供细胞化学成分和表面局部活性等有价值的信息[39]。近年来，Jiang 的团队报道了一系列用于单细胞监测和分析的电化学发光传感平台。用鲁米诺电化学发光法分析了哺乳动物单个细胞膜上的活性胆固醇，将细胞暴露于低离子强度缓冲液或抑制细胞内酰基辅酶 a/胆固醇酰基转移酶激活细胞膜上的胆固醇。活性胆固醇在溶液中与胆固醇氧化酶反应，在电极表面产生过氧化氢的峰值浓度，产生可测量的发光信号。单细胞分析是通过在电极下面放置一个针孔来进行的，这样只有一个细胞暴露在光电倍增管上。他们对 12 个单细胞进行单独分析，观察到的亮度比偏差较大，表明了活性膜胆固醇的细胞异质性[40]。

7.4.1　电化学发光细胞传感器成像分析

将传统的电极修饰技术应用到电化学发光可视化分析，为细胞电化学发光成像提供了新思路。电化学发光显微成像技术凭借其高通量和零细胞背景光的特点，一直被认为是一种非常有用的细胞研究工具。Jiang 等人在利用光电倍增管为基础的电化学发光平台对单细胞水平的活性胆固醇进行了研究[41]，进一步改进了检测装置，利用电荷耦合器件（CCD）构建电化学发光成像平台来采集电化学发光信号（图 7.9）[42]，实现多个 He-La 细胞活性胆固醇的同时分析。鲁米诺和过氧化氢在电位上产生的发光被记录在一张图像中，这样可以同时分析多个细胞表面的过氧化氢含量。与传统的用于平行单细胞分析的微电极阵列相比，该电化学发光成像系统只需要使用平板电极，避免了电极制造的复杂性。优化后的电化学发光成像系统显示，低至 $10\mu mol/L$ 的过氧化氢都可以被观察到，并且可以确定过氧化氢从细胞中流出。结合活性胆固醇与胆固醇氧化酶反应生成过氧化氢，在单细胞水平上分析电极上细胞的活性胆固醇含量。相对较高的标准偏差表明过氧化氢外排和活性胆固醇的细胞异质性较高，在单细胞分析领域具有重要的科学意义。电化学发光成像单细胞分析的成功为单细胞表面分子的平行测量开辟了一个新的领域。此外，利用该电化学发光成像平台，他们实现了单个细胞内过氧化氢的可视化检测[43]。在该系统中，开发了一种综合的金-鲁米诺-微电极作为工作电极。该微电极由填充壳聚糖和鲁米诺混合物的毛细管制成，并涂有聚氯乙烯/硝基苯基醚（PVC/NPOE）和金的薄层，尖端开口为 $1\sim2~\mu m$。由于微电极尖端的直径较小，该微电极可以插入到一个信号细胞中，并与细胞内的过氧化氢接触，导致微电极尖端内的鲁米诺发出电化学信号。最近，他们使用电化学发光成像平台，进一步研究了细胞内葡萄糖在单细胞水平的分布。用涂有金的ITO 载玻片作为工作电极，这种镀金的 ITO 载玻片表面有细胞大小的微孔可以保留单个细胞。经鲁米诺、Triton X-100 和葡萄糖氧化酶处理后，细胞内葡萄糖被释放到微孔中并生成过氧化氢，进一步参与鲁米诺的电化学发光。作者观察到单个细胞的葡萄糖浓度存在较大的偏差，揭示了细胞内葡萄糖的高度细胞异质性。他们的研究为细胞异质性研究提供了重要信息，并为单细胞分析提供了一个潜在的电化学发光平台。

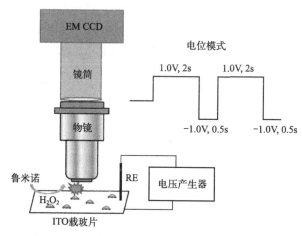

图 7.9　电化学发光成像装置示意图及平行单细胞
分析活性膜胆固醇的电化学发光图像[42]

张书圣等人构建了一种可用于单个癌细胞内 miRNA-21 成像的电化学发光技术。首先使用 DNA-1 和 DNA-2 封装负载了豆蔻酰佛波醇乙酯（PMA）的金纳米笼。当金纳米笼被 HeLa 细胞内吞后，DNA-1 与细胞内的 miRNA-21 杂交，在 HeLa 细胞中，负载药物 PMA 的金纳米笼被DNA 门关闭，该门可以被 miRNA-21 识别并打开，随后金纳米笼内的PMA 被释放出来，进一步诱导 HeLa 细胞产生活性氧。活性氧中的过氧化氢可以与鲁米诺反应，以电子倍增 CCD 采集过氧化氢和鲁米诺产生的电化学发光信号，即可获得单个 HeLa 细胞内 miRNA-21 的电化学发光成像，成像后纳米金的光热效应和活性氧联合诱导 HeLa 细胞凋亡（图

7.10）。此外，金纳米笼@PMA 探针的活性氧治疗和光热治疗也被细胞内的 miRNA-21 启动，有效提高了杀死癌细胞的能力[44]。

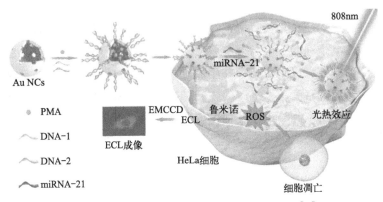

图 7.10　电化学发光成像和联合治疗示意图[44]

7.4.2　电化学发光细胞传感器对外泌体的检测

　　作为细胞间信息的关键信使，外泌体将生物活性分子传递给受体细胞，从而参与多种病理和生理过程，主要包括肿瘤、心血管疾病和神经退行性疾病等。近年来，许多研究报道了作为肿瘤来源的外泌体在肿瘤治疗、免疫调节和转移中发挥重要的功能。有越来越多的证据表明，外泌体可用于早期癌症检测、诊断和治疗。

　　马强等人基于等离子体纳米结构建立的表面等离激元耦合电化学发光（SPC-ECL）分析方法，设计了偏振电化学发光传感器并对甲状腺癌肿瘤微环境中外泌体的 miRNA-146b-5p 进行了检测。这项工作以 MoS_2 QDs@PLGA 纳米粒子作为电化学发光体，将银纳米线和金纳米线作为结构单元构筑三维等离子体纳米结构以提供电磁热点，增强电化学发光信号。结合目标催化发夹自组装策略构建了具有偏振增强能力的高灵敏 SPC-ECL 传感器。miRNA-146b-5p 在甲状腺癌中的高表达水平与癌症恶性程度正相关。通过收集甲状腺癌根治术中癌组织及癌旁组织穿刺洗脱液，对甲状腺癌肿瘤微环境中外泌体 miRNA-146b-5p 的表达水平进行了分析。这项研究工作为肿瘤外泌体的检测提供了新的分析方法，并且具有临床诊断应用潜力[45]。孔继烈研究团队构建了一种基于纳米金和非共轭聚合物量子点之间的局部表面等离子体共振（LSPR）的增强型化学发光免疫传感器用于胰腺癌外泌体超灵敏检测，并提出了该模式下 LSPR 的可能性机制。同时该团队发现利用该平台可以实现癌症相关的外泌体蛋白标志物的表达和分析。首先将一种聚合物量子点应用于电化学发光领域，发现其具有易修饰和稳定的电化学、光学性能等特点，但由于它们的电化学发光效率较低，难以满足实际应用需求。为了进一步提高检测的灵敏度，该课题组基于纳米金和聚合物量子点之间的局部表面等离子体共振作用设计了一种用于胰腺癌外泌体超灵敏检测的电化学发光免疫传感器，结果发现电化学发光信号在 LSPR 作用下明显放大（图 7.11）。癌症相关的外泌体蛋白标志物表达谱分析显示出 PANC-01、HeLa、MCF-7 和 HPDE6-C7 细胞系外泌体表面蛋白的不同表达量的高选择性。研究结果表明，该等离子体共振电化学发光传感模式有望实现胰腺癌的早期诊断和预测[46]。

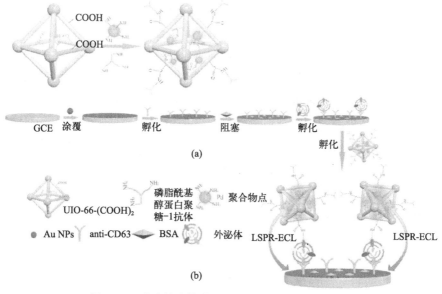

图 7.11　胰腺外泌体检测用电化学发光免疫传感器

7.5　展望

电化学发光纳米传感器对单个癌细胞的分析研究将有助于更好地了解癌细胞的发生和转移机制。电化学发光纳米传感器在肿瘤诊断中具有传感策略灵活、检测限高、重复性好等优势，尤其得益于各种纳米材料的协同作用，电化学发光传感器具有较高的电化学发光反应效率和较强的电化学发光强度。然而，电化学发光纳米传感系统用于癌症诊断方面仍然存在巨大的挑战和机遇。首先，虽然加入纳米材料可以在很大程度上增强电化学发光信号，但其放大机制需要进一步深入研究。其次，用纳米发光团代替传统的电化学发光团，发光机理也有待深入探讨。第三，从癌症诊断的角度来看，电化学发光纳米传感器的传感模式会受到生物基质的干扰，选择性差仍然是一个亟待解决的问题，未来的研究应着眼于开发快速、简单、高通量的电化学发光纳米传感器以用于临床检测。对于复杂的基质样品和全血中极低浓度的癌细胞，单肿瘤细胞水平检测需要纳米传感器具有可靠的实用性和突出的选择性。

电化学发光细胞传感器为单细胞分析提供了新的策略，尽管纳米生物传感器在生产和应用方面取得了显著进展，但设计超敏感传感器仍需进行大量的探索。目前电化学发光纳米传感器设备也在不断改进，期望在将来成为更可靠的传感检测设备。与此同时，开发环境友好、低毒性、高电化学发光效率的新型发光团和各种共反应器来改进生物成像器件也是该领域未来的发展方向。超灵敏的电化学发光细胞传感器可能是解决癌症检测的准确性、提高检测速度和降低成本等问题的最有前途的方法之一。同时，研究者也希望能够开发出用于癌症的早期临床诊断的细胞无损伤测定方法，电化学发光细胞传感器将为疾病的预防和诊断提供一条可行的途径。因此，创新设计细胞传感器在肿瘤早期诊断、个体化医疗、癌症预防治疗等方面都拥有很好的应用前景。

参考文献

[1] Cristofanilli M，Budd G T，Ellis M J，et al. Circulating tumor cells，disease progression，and survival in metastatic breast cancer[J]. Seminars in Oncology，2006，33(9)：9-14.

[2] Amara A，Mercer J. Viral apoptotic mimicry[J]. Nature Reviews Microbiology，2015，13(8)：461-469.

[3] Normanno N，Cervantes A，Ciardiello F，et al. The liquid biopsy in the management of colorectal cancer patients：Current applications and future scenarios[J]. Cancer Treatment Reviews，2018，70：1-8.

［4］ Li X, Chen B, He M, et al. A dual-functional probe for quantification and imaging of intracellular telomerase［J］. Sensors and Actuators B: Chemical, 2018, 277: 164-171.

［5］ Krivitsky V, Zverzhinetsky M, Patolsky F. Antigen-dissociation from antibody-modified nanotransistor sensor arrays as a direct biomarker detection method in unprocessed biosamples［J］. Nano Letters, 2016, 16(10): 6272-6281.

［6］ Kuan D H, Wang I S, Lin J R, et al. A microfluidic device integrating dual CMOS polysilicon nanowire sensors for on-chip whole blood processing and simultaneous detection of multiple analytes［J］. Lab on a Chip, 2016, 16(16): 3105-3113.

［7］ Haynes W M. CRC handbook of chemistry and physics, 94th edition［M］. Boca Raton: Crc Press, 2012.

［8］ Wang W, Fan X, Xu S, et al. Low fouling label-free DNA sensor based on polyethylene glycols decorated with gold nanoparticles for the detection of breast cancer biomarkers［J］. Biosensors & Bioelectronics, 2015, 71:51-56.

［9］ Wu L, Ma C, Ge L, et al. Paper-based electrochemiluminescence origami cyto-device for multiple cancer cells detection using porous AuPd alloy as catalytically promoted nanolabels［J］. Biosensors and Bioelectronics, 2015, 63: 450-457.

［10］ Liu F, Ge S, Su M, et al. Electrochemiluminescence device for in-situ and accurate determination of CA153 at the MCF-7 cell surface based on graphene quantum dots loaded surface villous Au nanocage［J］. Biosensors and Bioelectronics, 2015, 71: 286-293.

［11］ Su M, Liu H, Ge S, et al. An electrochemiluminescence lab-on-paper device for sensitive detection of two antigens at the MCF-7 cell surface based on porous bimetallic AuPd nanoparticles［J］. RSC Advances, 2016, 6(20): 16500-16506.

［12］ Tang H, Wang H, Yang C, et al. Nanopore-based strategy for selective detection of single carcinoembryonic antigen (CEA) molecules［J］. Analytical Chemistry, 2020, 92(4): 3042-3049.

［13］ Li X, Qin X, Tian Z, et al. Gold nanowires array-based closed bipolar nanoelectrode system for electrochemiluminescence detection of α-fetoprotein on cell surface［J］. Analytical Chemistry, 2022, 94(20): 7350-7357.

［14］ Li H, Cai Q, Wang J, et al. Versatile FeMoOv nanozyme bipolar electrode electrochemiluminescence biosensing and imaging platform for detection of H_2O_2 and PSA［J］. Biosensors and Bioelectronics, 2023, 232: 115315.

［15］ Lv H, Zhang R, Cong S, et al. Near-infrared electrogenerated chemiluminescence from simple copper nanoclusters for sensitive alpha-fetoprotein sensing［J］. Analytical Chemistry, 2022, 94(10): 4538-4546.

[16] Lin X, Zheng L, Gao G, et al. Electrochemiluminescence imaging-based high-throughput screening platform for electrocatalysts used in fuel cells[J]. Analytical Chemistry, 2012, 84(18): 7700-7707.

[17] Wang Z, Yu R, Zeng H, et al. Nucleic acid-based ratiometric electrochemiluminescent, electrochemical and photoelectrochemical biosensors: A review[J]. Microchimica Acta, 2019, 186: 1-19.

[18] He Y, Li J, Liu Y. Reusable and dual-potential responses electrogenerated chemiluminescence biosensor for synchronously cytosensing and dynamic cell surface N-glycan evaluation[J]. Analytical Chemistry, 2015, 87(19): 9777-9785.

[19] Wang Y Z, Hao N, Feng Q M, et al. A ratiometric electrochemiluminescence detection for cancer cells using g-C_3N_4 nanosheets and Ag-PAMAM-luminol nanocomposites[J]. Biosensors and Bioelectronics, 2016, 77: 76-82.

[20] Zhao J, He Y, Tan K, et al. Novel ratiometric electrochemiluminescence biosensor based on BP-CdTe QDs with dual emission for detecting microRNA-126[J]. Analytical Chemistry, 2021, 93(36): 12400-12408.

[21] Zhao J, Chen C X, Zhu J W, et al. Ultrasensitive and visual electrochemiluminescence ratiometry based on a constant resistor-integrated bipolar electrode for microRNA detection[J]. Analytical Chemistry, 2022, 94(10): 4303-4310.

[22] Fan Z, Lin Z, Wang Z, et al. Dual-wavelength electrochemiluminescence ratiometric biosensor for NF-κB p50 detection with dimethylthiodiaminoterephthalate fluorophore and self-assembled DNA tetrahedron nanostructures probe[J]. ACS Applied Materials & Interfaces, 2020, 12(10): 11409-11418.

[23] Jie G, Jie G. Sensitive electrochemiluminescence detection of cancer cells based on a CdSe/ZnS quantum dot nanocluster by multibranched hybridization chain reaction on gold nanoparticles[J]. RSC Advances, 2016, 6(29): 24780-24785.

[24] Xin X, Yang Y, Liu J, et al. Electrocatalytic reduction of a coreactant using a hemin-graphene-Au nanoparticle ternary composite for sensitive electrochemiluminescence cytosensing[J]. RSC Advances, 2016, 6(31): 26203-26209.

[25] Dong Y P, Chen G, Zhou Y, et al. Electrochemiluminescent sensing for caspase-3 activity based on Ru(bpy)$_3^{2+}$-doped silica nanoprobe[J]. Analytical Chemistry, 2016, 88(3): 1922-1929.

[26] Liang W, Zhuo Y, Xiong C, et al. Ultrasensitive cytosensor based on self-enhanced electrochemiluminescent ruthenium-silica composite nanoparticles for efficient drug screening with cell apoptosis monitoring[J]. Analytical Chemistry,

2015，87(24)：12363-12371.

[27] Zhang Y，Liu W，Ge S，et al. Multiplexed sandwich immunoassays using flow-injection electrochemiluminescence with designed substrate spatial-resolved technique for detection of tumor markers[J]. Biosensors and Bioelectronics，2013，41：684-690.

[28] Nie Y，Zhang P，Wang H，et al. Ultrasensitive electrochemiluminescence biosensing platform for detection of multiple types of biomarkers toward identical cancer on a single interface [J]. Analytical Chemistry，2017，89 (23)：12821-12827.

[29] Wen Q，Yang P H. In situ electrochemical synthesis of Ni-capped electrochemiluminescence nanoprobe for ultrasensitive detection of cancer cells[J]. Analytical Methods，2015，7(4)：1438-1445.

[30] Wu M S，Sun X T，Zhu M J，et al. Mesoporous silica film-assisted amplified electrochemiluminescence for cancer cell detection[J]. Chemical Communications，2015，51(74)：14072-14075.

[31] Dai B，Wang L，Shao J，et al. CdS-modified porous foam nickel for label-free highly efficient detection of cancer cells [J]. RSC Advances，2016，6 (39)：32874-32880.

[32] Gu W，Deng X，Gu X，et al. Stabilized，superparamagnetic functionalized graphene/Fe_3O_4@Au nanocomposites for a magnetically-controlled solid-state electrochemiluminescence biosensing application[J]. Analytical Chemistry，2015，87 (3)：1876-1881.

[33] Liu D，Wang L，Ma S，et al. A novel electrochemiluminescent immunosensor based on CdS-coated ZnO nanorod arrays for HepG2 cell detection[J]. Nanoscale，2015，7(8)：3627-3633.

[34] Zhang H R，Wang Y Z，Zhao W，et al. Visual color-switch electrochemiluminescence biosensing of cancer cell based on multichannel bipolar electrode chip[J]. Analytical Chemistry，2016，88(5)：2884-2890.

[35] Wu M S，Yuan D J，Xu J J，et al. Sensitive electrochemiluminescence biosensor based on Au-ITO hybrid bipolar electrode amplification system for cell surface protein detection[J]. Analytical Chemistry，2013，85(24)：11960-11965.

[36] Shi H W，Zhao W，Liu Z，et al. Temporal sensing platform based on bipolar electrode for the ultrasensitive detection of cancer cells[J]. Analytical Chemistry，2016，88(17)：8795-8801.

[37] Huang X，Li Z，Mao X，et al. Electrochemiluminescence biosensor for estrogen-

related receptor alpha (ERRα) based on target-induced change of the steric hindrance effect of an antibody-modified electrode[J]. Analytical Chemistry, 2023, 95 (20):8121-8127.

[38] Bouchier-Hayes L, Muñoz-Pinedo C, Connell S, et al. Measuring apoptosis at the single cell level[J]. Methods, 2008, 44(3): 222-228.

[39] Lawson D A, Bhakta N R, Kessenbrock K, et al. Single-cell analysis reveals a stem-cell program in human metastatic breast cancer cells[J]. Nature, 2015, 526 (7571): 131-135.

[40] Ma G, Zhou J, Tian C, et al. Luminol electrochemiluminescence for the analysis of active cholesterol at the plasma membrane in single mammalian cells[J]. Analytical Chemistry, 2013, 85(8): 3912-3917.

[41] Tian C, Zhou J, Wu Z Q, et al. Fast serial analysis of active cholesterol at the plasma membrane in single cells [J]. Analytical Chemistry, 2014, 86 (1): 678-684.

[42] Zhou J, Ma G, Chen Y, et al. Electrochemiluminescence imaging for parallel single-cell analysis of active membrane cholesterol[J]. Analytical Chemistry, 2015, 87(16): 8138-8143.

[43] He R, Tang H, Jiang D, et al. Electrochemical visualization of intracellular hydrogen peroxide at single cells [J]. Analytical Chemistry, 2016, 88 (4): 2006-2009.

[44] Zhang H, Gao W, Liu Y, et al. Electrochemiluminescence-microscopy for microRNA imaging in single cancer cell combined with chemotherapy-photothermal therapy[J]. Analytical Chemistry, 2019, 91(19): 12581-12586.

[45] Wang P, Li H, Nie Y, et al. 3D plasmonic nanostructure-based polarized ECL sensor for exosome detection in tumor microenvironment[J]. ACS Sensors, 2023, 8(4): 1782-1791.

[46] Xiong H, Huang Z, Lin Q, et al. Surface plasmon coupling electrochemiluminescence immunosensor based on polymer dots and AuNPs for ultrasensitive detection of pancreatic cancer exosomes[J]. Analytical Chemistry, 2021, 94(2): 837-846.

第 **8** 章

电化学发光基因传感器

8.1　电化学发光基因传感器简介

　　DNA/RNA 是一类具有可编程自组装和分子识别功能的生物聚合物，它们在电化学发光生物分析领域扮演着重要角色。同时，作为遗传信息的携带者，他们在细胞内起着至关重要的调节作用。通过特定序列上碱基间的氢键相互作用，DNA/RNA 能够稳定地形成双螺旋结构，并且可以根据需要进行复制、转录和翻译等过程。除了在细胞内部的关键作用之外，DNA/RNA 还被广泛应用于生物医学研究和临床诊断中。此外，在电化学发光（ECL）生物分析领域中，DNA/RNA 也展现出强大的优势。通过将特定信号序列与金属离子配位或与辅酶反应产生催化效应，使得电化学发光技术能够高灵敏度地检测到微量目标分子，并实现快速准确的分析。

　　由于 DNA/RNA 独特的结构和优异的性能，基于 DNA/RNA 的电化学发光生物传感器越来越受到人们的关注。电化学发光基因传感器是以 DNA/RNA 为靶标，将其特异性识别过程中产生的信号转化为光信号，用于对靶标进行定量检测的分析技术。与其他生物传感器相比，电化学发光基因传感器具有灵敏度高、背景信号低、可控性强等突出优点。因此，它们是检测低丰度重要疾病标志物的可靠平台，可用于疾病的早期诊断和预后监测。

　　自二十世纪六十年代初期，麻省理工学院的 Hercules、贝尔实验室的 Chandross 和得克萨斯大学奥斯汀分校的 Bard 团队在同一时间报道了电化学发光现象以来，在过去的半个多世纪里，Bard 团队在电化学发光的众多领域做出了重要的贡献，他们是开发新的电化学发光系统、新型仪器及其在该研究领域的各种应用的先驱。尤其在基因传感方面的研究，为电化学发光的研究提供了重要的应用渠道，将进一步推动电化学发光的研究和应用。

　　1990 年，Rodriguez 和 Bard[1] 等人研究了 $Os(bpy)_3^{2+}$ 在 DNA 存在下的电化学发光。他们发现 DNA 与氧化形式的锇络合物 $[Os(bpy)_3^{2+}]$ 具有更强的静电相互作用。此外，他们还研究了核苷碱基与 $Os(bpy)_3^{2+}$ 的相互作用，发现核苷碱基可以猝灭 $Os(bpy)_3^{2+}/C_2O_4^{2-}$ 共反应剂体系的电化学发光信号。结果表明，具有 DNA 复合物的电化学发光滴定显示，随着 DNA 浓度的增加，电化学发光强度呈指数衰减。

Xu 和 Bard[2] 使用链烷二磷酸膜将 DNA 连接在金电极上，然后将其浸入 $Ru(bpy)_3^{2+}$ 或 $Ru(phen)_3^{2+}$ 溶液中进行电化学发光检测。使用相同的策略，他们用 $Ru(phen)_3^{2+}$ 将单链(ss)DNA 和双链(ds)DNA 固定在电极上。由于在三丙胺（TPrA）存在下可以观察到两个系统的电化学发光现象，因此，TPrA 后来被用于检测 DNA。通过使用这种方法，Bard 和合作者能够区分 (ss)DNA 和 (ds)DNA 系统。

Miao 和 Bard[3] 等人利用抗体-抗原之间的特异性识别作用，在金电极表面开发了一种固态电化学发光免疫测定法，在 TPrA 共反应物存在下，以 $Ru(bpy)_3^{2+}$ 为电化学发光体，将生物测定物固定在工作电极表面。如图 8.1 中的流程图所示，C 反应蛋白（CRP）会在电极表面生成，其浓度与电化学发光信号相关，且电化学发光峰值强度在 $1\sim24\mu g/mL$ 范围内与分析物 CRP 浓度呈线性相关。通过基于该技术的标准添加法可测量两个未知人类血浆/血清样本的 CRP 浓度。Bard 小组还报告了一种类似的抗体-抗原-CRP 检测方法，使用带有电化学发光标签的磁珠（MB），有助于将检测限提高到 $0.010\sim10\mu g/mL$。同时，通过 $Ru(bpy)_3^{2+}$ 浓度的增加，该技术的检测限和灵敏度进一步提高到 100ng/mL 水平；主要是由于它被掺入脂质体中，提高了磁珠的收集效率。

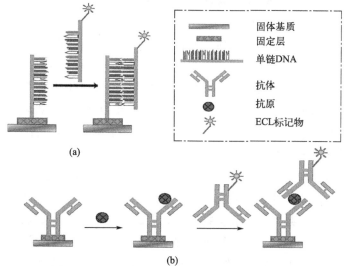

图 8.1　DNA 杂交（a）和三明治型免疫分析的
固态电化学发光检测（b）示意图[3]

21 世纪以来，随着纳米技术的不断进步和应用，电化学发光基因传感器作为一种新型生物传感器逐渐进入了人们的视野，并取得了迅速的发展。这一技术的出现极大地推动了基因检测与分析领域的研究和应用。为了构建优异的电化学发光基因传感系统，科研人员通过不断探索和创新，开发出各种巧妙而高效的信号放大策略和纳米功能材料。例如，在信号放大方面，引入酶反应、核酸链替换等方法，显著提高了传感器的灵敏度；在纳米功能材料方面，利用金属纳米粒子、碳纳米管、纳米复合材料、等离子体纳米材料等具有优异性能的材料来增强信号的输出。这些策略和材料使得基于 DNA/RNA 的电化学发光生物传感器在灵敏度和选择性上都取得了显著提高。此外，近年来还涌现出许多新型 DNA/RNA 修饰技术，如锚定引物扩增（PAD）技术、靶向寡核苷酸适配体（ASO）技术等。这些修饰技术能够更好地改善电化学发光基因传感器对目标序列或突变位点进行识别与检测，并有效降低了非特异性干扰。总之，随着各种先进技术手段及相关理论知识不断完善与深入研究，电化学发光基因传感器已经成为一项重要且前景广阔的生物分析工具。它在医药领域中可被广泛应用于遗传病诊断、肿瘤早期筛查以及个体化治疗等方面；同时也可以在环境监测、食品安全检测等领域中起到重要作用。

8.2　电化学发光基因传感策略

在过去的几年里，为了提高传感器的灵敏度和选择性，人们开发了多种传感策略，例如，基于增加靶标量的特定基因的靶标 DNA 扩增策略、用于特定基因的报告基因扩增策略，以及基于增加电化学发光信号用于生物标志物蛋白的 microRNA（mRNA）和杂合 DNA 扩增策略等。此外，高性能的电化学发光基因传感器的研究也取得了实质性的进展。

脱氧核糖核酸酶是一种重要的生物催化剂，它在细胞内起着关键的作用。它能够合成单链 DNA 分子，这对于维持细胞遗传信息的稳定性至关重要。此外，脱氧核糖核酸酶还具有序列特异性，在特定的环境条件下可以选择性地催化某些化学和生物反应。通过催化 DNA 合成反应，脱氧核糖核酸酶参与了基因复制、转录和修复等重要过程。在基因复制中，它能够识别并结合到 DNA 模板链上，并根据模板链上碱基配对规则选择正确的互补碱基进行连接，从而实现新 DNA 链的合成。在转录过程中，脱氧核糖核酸酶也发挥着类似的作用，在 RNA 聚合过程中将 RNA 链与 DNA 模板进行互补配对，并最终形成 mRNA 分子。此外，在 DNA 修复机制中，脱氧核糖核酸酶也扮演着非常重要的角色。当 DNA 受到损伤时（如紫外线辐射或化学致突变剂引起），细胞会启动一系列修复机制来保护遗传信息不被丢失或改变。其中一个主要步骤就是通过脱氧核糖核酸酶识别并切除受损部分，并由其他修复系统填充缺口以恢复完整的 DNA 序列。

与传统的蛋白酶相比，DNA 酶具有易制备纯化、热稳定性高等优点，可以通过对 DNA 的合理设计来产生。脱氧核糖核酸酶不但在生化反应中广泛应用，而且，作为一种重要的信号放大策略，在电化学发光基因传感器中也得到广泛关注，如靶循环放大（TRC）和滚动圈放大（RCA）。Yuan[4] 课题组以原位电化学产生的银纳米团簇（Ag NCs）为信号探针，并利用一种新的靶循环同步滚环扩增（RCA）策略来放大探针的信号，构建了一种简易的生物传感器，实现了 microRNA 的超灵敏检测（如图 8.2）。他们设计了一个环状的 DNA 模板，该模板由富鸟嘌呤区和用于实现靶循环同步 RCA 的结合区组成。在 microRNA 存在的情况下，结合区与靶 microRNA 和引物杂交后，会形成三元"P"结构，由此触发 RCA 过程，同时释放出靶 microRNA，释放的靶 microRNA 会成为 RCA 的另一个触发器，参与到循环反应中。此外，由于环状 DNA 模板中的富鸟嘌呤区，靶循环同步 RCA 的产物 DNA 具有串联的富含胞嘧啶周期性序列，其可以作为配体进一步原位电化学产生更多的 Ag-NCs，因此，对于 Ag NCs/$S_2O_8^{2-}$ 的电化学发光体系，Ag NCs 的电化学发光强度与靶 microRNA 浓度呈正相关。该传感器在生物医学研究和早期临床诊断方面具有很大的应用潜力。通过对 DNA 序列进行巧妙地设计，该课题组[5] 还开发了用于电化学发光基因传感器的 DNA 步行器。所设计的 DNA 纳米结构具有四个悬垂序列，该序列与行走链（靶 DNA）互补，经电化学发光标记物标定之后，通过自组装策略修饰在传感电极的表面。使用聚丙烯酰胺凝胶电泳分析和循环伏安法对传感器进行了验证，发现当目标 DNA 与互补轨道杂交时，便会形成限制酶（Nt. AlwI）的特异性识别位点，该位点可以切割悬垂序列，导致电化学发光标记丢失，并驱动目标 DNA 沿着轨道定向运动。随着目标 DNA 在纳米结构轨道上的连续移动，使得传感电极表面的电化学发光标签被不断地释放，进而导致电化学发光平台的"信号关闭"。结果表明，这种 DNA 步行器不仅可以高灵敏地检测特异性

DNA，而且，这种 DNA 步行器还可以提供单碱基错配判别能力。通过用猝灭分子二茂铁取代悬垂序列上修饰的电化学发光标记，他们还建立了一个具有"信号接通"功能的电化学发光平台。

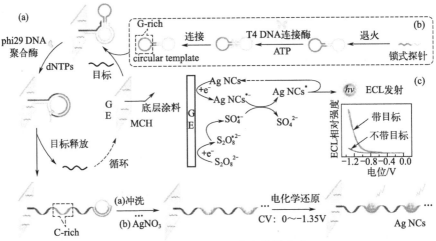

图 8.2　靶循环同步 RCA 原理及原位电化学生成 Ag NCs（a）、
圆形模板的制备（b）和 Ag NCs /$S_2O_8^{2-}$ 基电化学发光体系的
电化学发光机理（c）示意图[4]

将 Ru(bpy)$_3^{2+}$ 等电化学发光体嵌入或标记在特定的 DNA 序列上，形成一个稳定且可靠的发光复合物，然后，利用电化学技术将复合物固定在电极表面，并通过施加适当的电位来激发其发光性能，已经被证明是一种非常有前景的设计策略。这种基于 DNA 序列标记的电化学发光传感器具有许多优势，例如，由于 DNA 序列具有高度特异性和选择性，因此可以实现对目标分子（如病原体、肿瘤标志物等）的高效识别和检测。其次，由于 Ru(bpy)$_3^{2+}$ 作为一种强发光体，在外界刺激下能够产生明亮而稳定的发光信号，从而提高了传感器的灵敏度和准确性。在设计先进电化学发光传感器时，还需要考虑到其他因素，在选择适当的探针和引物时需要考虑它们与目标分子之间是否存在特异结合，并且要保证探针与 Ru(bpy)$_3^{2+}$ 之间形成稳定且可靠的连接。同时，还需优化反应条件以提高传感器响应速度和信号强度。例如，Gao[6] 课题组设计了金属 Ru 络合物标记的巯基功能化发夹 DNA（SH-DNA），并将其自组装到有氧化石墨烯（GO）/Au NPs 修饰的玻碳电极（GCE）的表面，构建出一种新型的"信号开启"型电化学发光基因传感器，用于检测特定的 DNA 序列。研究发现，在电化学发光过程中，$Ru(bpy)_3^{2+}$ 与氧化石墨烯（GO）之间存在着能量转移和电子转移效应，将氧化石墨烯修饰在玻碳电极的表面可以显著猝灭三(2,2′-联吡啶)-钌（Ⅱ）$[Ru(bpy)_3^{2+}]$/三丙胺（TPrA）体系的电化学发光信号，且信号猝灭程度与氧化石墨烯和 $Ru(bpy)_3^{2+}$ 之间的距离密切相关。在没有目标 DNA 的情况下，固定在 GO/Au NPs 电极表面的电化学发光探针处于折叠构型，其末端与电极表面的距离较近，因此，氧化石墨烯会猝灭 Ru 络合物的电化学发光信号，但是，当目标 DNA 与发夹 DNA 杂交之后，发夹 DNA 的发夹就会被打开，标记的 Ru 配合物与氧化石墨烯的距离增加，导致电化学发光强度增加，从而达到对特定 DNA 序列进行定量检测的目的。Chen[7] 的研究小组使用 g-C_3N_4 纳米片和 $Ru(bpy)_3^{2+}$ 之间的 ECL-RET 效应，构建了一个双波长电化学发光比率型传感平台，用于灵敏检测 microRNA。他们将 Au NPs 修饰的 g-C_3N_4 纳米片涂覆在玻碳电极的表面，在共反应剂 $S_2O_8^{2-}$ 存在的情况下，电极上的 g-C_3N_4 会产生强而稳定的电化学发光，由于该电化学发光的发射波长与 $Ru(bpy)_3^{2+}$ 的吸收波长匹配良好，因此可以激发其电化学发光产生 RET 效应。将 $Ru(bpy)_3^{2+}$ 标记在 DNA 上，形成 DNA-$Ru(bpy)_3^{2+}$ 探针，当目标 microRNA 存在时，与电极上捕获的 DNA 杂交，发夹结构就会打开，由于探针 DNA-$Ru(bpy)_3^{2+}$ 孵育在 Au-g-C_3N_4 NH 附近，能量会从 Au-g-C_3N_4 NH 转移到 $Ru(bpy)_3^{2+}$，因此 Au-g-C_3N_4 NH 在 460nm 处电化学发光强度下降，$Ru(bpy)_3^{2+}$ 在 620nm 处电化学发光强度增加。通过测量电化学发光 460nm/电化学发光 620 nm 的比值，该生物传感器可以在 1.0fmol/L～1.0nmol/L 范围内准确测定 microRNA-21 的浓度。这一开创性的工作为双波长电化学发光比率法的研究提供了重要的参考，在核酸检测中也显示出潜在的能力，与单波长电化学发光检测相比，该方法的可靠性更高。

　　总之，将 $Ru(bpy)_3^{2+}$ 等电化学发光体嵌入或标记在 DNA 序列上是一项富有挑战性但又非常具有应用前景的研究领域。通过不断地改进材料设计、反应条件优化以及仪器设备更新升级等方面工作，相信未来会开发更加精密、灵敏且可靠的电化学发光传感器用于各类生命科学研究及医学诊断领域。

8.3 电化学发光基因传感器的应用

8.3.1 生物分子布尔逻辑门

在过去的几十年里，计算机技术迅速发展，但同时也对其信息存储能力和并行计算能力提出了更高的要求。因此，诸如 DNA、量子、光学、神经网络计算等新方法不断涌现。DNA 计算最早由 Adleman 等于 1994 年提出，具有强大的信息编码和存储能力、生物降解性和分子识别能力。DNA 计算机可以通过执行逻辑门来同时分析多个目标，因此在生物传感方面显示出巨大的潜力[8]。布尔逻辑门是接收单个或多个输入、进行逻辑运算并产生单个数字输出的物理设备。逻辑运算原理是所有硅基计算的基础，它包括输入信号、逻辑元件和输出信号。将输入和输出信号转换成二进制信号。可以通过设置阈值来区分真假信号。若信号值超过阈值，则视为真或 "1"；如果信号值小于阈值，则假定为假或 "0"。当输入信号信息增加时，可以构造一系列逻辑门来执行不同的逻辑功能。布尔逻辑门由于易于操作和自触发的优点使其在实际应用中具有广阔的前景。

生物分子布尔逻辑门是近年来备受关注的一种分子计算器件。近年来，一些 DNA 序列在生物分子布尔逻辑门的电化学发光生物传感器中得到了广泛应用。Chen[9] 等使用低成本和无标记的叠层（LBL）组装技术，设计了一种利用生物分子布尔逻辑门进行酶检测的无需标记、灵敏度高的电化学发光传感平台，并且利用混合聚电解质（PEM）膜表面的目标预富集以及 $S_2O_8^{2-}$ 浓度依赖性强的 Au-g-C_3N_4 电化学发光体系，实现了对蛋白酶和核酸酶的高灵敏度检测。首先，他们利用靶触发解吸在石墨相氮化碳（g-C_3N_4）膜上组装的可编程聚电解质膜，使得组装膜的厚度减小，以此来增加共反应剂的扩散通量，从而诱导被组装膜沉积抑制的 Au-g-C_3N_4 电化学发光膜的电化学发光信号的恢复。并且，在多电解质膜中，蛋白酶和核酸酶的响应底物也不同。因此，通过在聚电解质薄膜中编程 OR 和 AND 布尔逻辑门，该生物传感器可以同时分析复杂样品中的蛋白酶和核酸酶。Liu[10] 课题组以邻苯二胺为单体，氯霉素（CP）为模板分子，在 Au 电极表面电聚合形成分子印迹聚合物（MIP）薄膜，建立了另一种以循环伏安（CV）和电化学发光响应为输出信号的生物大分子逻辑门和功能器件（如图 8.3）。由于 CP 的存在与否对 Ru(bpy)$_3^{2+}$-DNA 体系在 MIP 膜电极上的 CV 和电化学发光响应有很大影响，当双链天然 DNA 加入 Ru(bpy)$_3^{2+}$ 溶液之后，若去除 CP，DNA 会导致 Ru(bpy)$_3^{2+}$ 溶液的 CV 峰值电流和电化学发光峰增强。相反，若在溶液中加入二茂铁甲醇（FcMeOH）会导致电化学发光信号大幅猝灭，并产生新的 CV 峰。因此，以 DNA、CP 和 FcMeOH 为 3 路输入，相应的 CV 和电化学发光峰值响应作为多个输出，实现了 3 路输入/3 路输出和 3 路输入/5 路输出逻辑门。同样，他们也报道了基于天然 DNA 损伤的 3 路输入/4 路输出的逻辑门系统。这些研究不仅为生物分子逻辑门和器件的发展提供了新的策略，而且为建立更复杂的生物大分子计算器件奠定了基础。

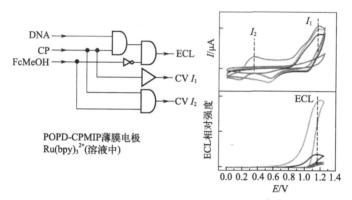

图 8.3 生物大分子逻辑门和 CV 曲线[10]

8.3.2 纳米材料传感器

由于小分子发光体在生物检测方面面临着信号强度不足、标记困难和成本高等问题，这在很大程度上限制了它们的应用。幸运的是，自 2002 年 Bard 等人首次报道硅纳米颗粒的电化学发光现象以来，基于纳米材料的发光体在电化学发光生物传感方面显示出巨大的应用潜力。表面效应、量子尺寸效应、宏观量子隧穿效应和量子约束效应赋予了纳米材料独特而优异的电化学发光性能。与 Ru(bpy)$_3^{2+}$ 和鲁米诺等传统发光体相比，纳米发光体不仅在纳米颗粒表面具有丰富的活性位点，易于修饰，而且通过改变组成或尺寸，其电化学发光性能更可控。更重要的是，纳米发光体还可以用作基因传感的电化学发光探针，并且，为了提高传感器的灵敏度和稳定性，电化学发光基因传感器采用了具有不同化学成分、尺寸、形状和独特性能的纳米材料[11]。

近几年来，相继报道了许多基于多功能纳米材料的先进电化学发光基因传感器。Wang[12] 等人以 Fe_3O_4-Au 磁珠（MB）作为纳米载体固定赭曲霉毒素 A(OTA) 的巯基化适体，以 NGQDs@SiO_2 纳米粒子作 OTA 适体传感的通用信号指示剂，基于 NGQDs@SiO_2 纳米粒子可以通过适体和捕获 DNA 之间的 DNA 特异性杂交将信号转移到 MB 磁珠表面，构建了一种 NGQDs@SiO_2 纳米粒子作为信号传输器的电化学发光和光致发光（PL）双检测通道感应传感器。当在目标 DNA 分子 OTA 中孵育一段时间后，OTA 会优先与 Fe_3O_4-Au 磁珠形成适体-OTA 复合物，从而导致 NGQDs@SiO_2 纳米粒子从磁性电极表面释放到溶液中，随着磁性电极表面 NGQDs@SiO_2 纳米粒子不断减少，电化学发光和荧光信号降低。研究发现，NGQDs@SiO_2 纳米粒子能表现出良好的电化学发光和荧光性质。该策略在高灵敏度电化学发光测定和快速荧光测定之间搭建了桥梁，其可以通过适体序列扩展到其他靶标。在另一种电化学发光传感器中，Yuan[13] 课题组以 CdTe 量子点作为电化学发光体，并将其修饰在 C_{60} 纳米粒子上得到 CdTe QDs@C_{60} 纳米复合材料，然后将复合材料涂覆在以壳聚糖（CS）为成膜基质的玻碳电极（GCE）表面，为了提高 CdTe 量子点/$S_2O_8^{2-}$ 体系的电化学发光反应速率，采用氨基脲（Sem）作为助反应促进剂。为了进一步加速探针，则制备了空心 Au 纳米笼，然后通过 Au—N 键将 Sem 和 Au 纳米颗粒交替组装到中空 Au 纳米笼的表面，以获得用于固定凝血酶氨基末端检测适体（TBA Ⅱ）的多层纳米材料（Au NPs-Sem)_n-Au NCs。值得注意的是，具有两个—NH_2 端基的 Sem 不仅可以作为组装 Au NPs 和 Au NCs 的交联剂，还可以作为共反应促进剂提高 CdTe 量子点和 $S_2O_8^{2-}$ 的电化学发光反应速率。这两种纳米复合材料性能良好，灵敏度高，且检出限低至 0.03fmol/L。因此，在此策略的基础上，Yuan[14] 课题组随后以 3-巯基丙酸为 CdTe 量子点的稳定剂，通过在氧化石墨烯表面原位生成 CdTe 量子点一步法制备了 G-CdTe 纳米复合材料。然后，通过将 L-赖氨酸与 3,4,9,10-苝四羧酸共价结合，合成了一种苝衍生物（PTC-Lys），并通过 π-π* 堆积作用将其固定在 G-CdTe 上，并将其与检测凝血酶的适体交联，得到多功能 TBA Ⅱ/PTC-Lys/G-

CdTe 信号探针,并将其用于构建结核病检测的灵敏电化学发光适体传感器。更重要的是,PTC-Lys 的引入可以作为一种新型的电化学发光共反应加速器,用于放大 G-CdTe/$S_2O_8^{2-}$ 体系的信号。基于 CdS 量子点的电化学发光和金纳米颗粒在共反应剂生成中的葡萄糖氧化酶模拟效应,Zhou[15] 等人报道了一种检测 DNA 甲基转移酶活性的电化学发光方法(如图 8.4)。该方法将含有特殊序列的双链 DNA(ds-DNA)固定在 CdS 量子点修饰的玻碳电极表面,然后通过甲基转移酶处理催化特定 CpG 二核苷酸甲基化,随后,用能识别并切断特殊序列的限制性内切酶(Hpa Ⅱ)处理电极。一旦特殊序列被甲基化,Hpa Ⅱ 就不能识别和切断特殊序列,导致 Hpa Ⅱ 的识别功能被阻断,无法切断 ds-DNA,然后金纳米粒子就会与未被切断 ds-DNA 的末端—SH 基团结合,催化葡萄糖的氧化,产生 CdS 量子点的电化学发光共反应剂——过氧化氢,并且还通过能量转移(ET)增强 CdS 量子点的电化学发光信号,同时也能够给出对应于 DNA 甲基转移酶活性的电化学发光信号。

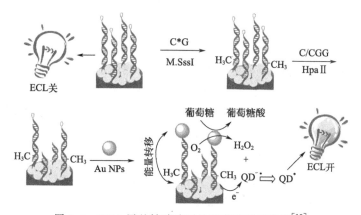

图 8.4 DNA 甲基转移酶活性测定原理示意图[15]

8.3.3 纳米复合材料传感器

传统的电化学发光团,如 $Ru(bpy)_3^{2+}$ 和鲁米诺具有许多优势。首先,它们具有良好的选择性,可以通过调整分子结构来实现对特定物质的高选择性检测。其次,这些电化学发光团使用简便、成本低廉,在实验室和工业生产中都能得到广泛应用。此外,它们还表现出极高的灵敏度,能够检测到微量的目标物质，并且在低浓度下也能提供可靠的信号。同时，这些电化学发光团具有良好的水溶性，在生物医学领域中被广泛应用于细胞成像、荧光探针等方面。一些研究人员将纳米材料与这些传统的电化学发光团结合起来，得到了兼具两者优点的纳米复合材料。例如，Zhao[16]等人报道了一锅法合成氧化石墨烯/Ag NPs/鲁米诺复合物的方法，并利用该复合材料构建了一种新型的、均匀的、信号关闭的电化学发光生物传感器，为 DNA 甲基转移酶活性的检测提供了一种可行的策略。由于该纳米复合材料可以组装大量的鲁米诺，并通过 Ag 纳米粒子进一步增强鲁米诺的电化学发光信号。因此，将叠氮端 ds-DNA 杂交在有捕获探针 DNA 修饰的金电极表面，形成叠氮端 ds-DNA 修饰的电极，然后，通过点击化学将纳米复合材料固定在叠氮端 ds-DNA 修饰的电极上，用于电化学发光信号的产生和放大。一旦 DNA 杂化被 Dpn Ⅰ 内切酶甲基化和切割，就会释放大量的氧化石墨烯/Ag NPs/鲁米诺复合材料并引起电化学发光信号的显著降低。由发光氨、银纳米粒子和氧化石墨烯组成的类似复合材料也在另一种电化学发光传感器中得到了应用。Yuan[17] 等通过将两种单体自由基聚合，开发了一种由 Ru 复合物和中空金纳米颗粒支链聚 [N-(3-氨基丙基)甲基丙烯酰胺] 水凝胶组成的复合材料（pNAMA-Ru-HG-NPs），并将该复合材料开发为针对凝血酶检测的适配体电化学发光探针。一方面，pNAMA-Ru-HGNPs 水凝胶复合材料作为凝血酶结合适体（TBA Ⅱ）形成电化学发光探针的有效载体；另一方面，通过静电吸附在电极表面涂覆修饰碳纳米管离子的枝晶金纳米颗粒，作为增强剂放大电化学发光信号和固定捕获适体的基质。

目前，开发一种简单、快速、便携、具有低成本效益的电化学发光设备是电化学发光基因传感器产业化的主要挑战。Rusling[18] 团队开发了一种电化学发光微流控阵列，该阵列采用 64 纳米孔芯片——聚合物 [Ru(bpy)$_2$(PVP)$_{10}$]$^{2+}$ 作为电化学发光传感器，用于测量 DNA 的损伤。该微流控芯片具有 64 个印刷墨粉纳米孔，其底部亲水，壁部分疏水，可捕获 1 μL 的溶液。酶、DNA 和 [Ru(bpy)$_2$(PVP)$_{10}$]$^{2+}$ 薄膜是通过交替静电逐层制备的。电化学发光的激活和检测是通过将反应溶液放入装有电荷耦合器件（CCD）相机的暗箱阵列腔来进行的。此外，LC-MS/MS 技术作为检测核碱基代谢产物的配套方法也得到了应用。Shamsi[19] 等人构建了一种用于 microRNA 分析的数字微流控电化学发光装置。在该装置中，电化学发光检测器被制作成数字微流控顶板，同时带有专门设计的 ITO 工作电极，可以进行光学检测和数字微流控操作。Ru（phen）$_3^{2+}$ 作为电化学发光标记插入到靶和适配体在磁粒子上形成的双链中，随后使用该装置对 microRNA 进行测量。Jiang[20] 等人用两个平行的碳工作电极、Ag/AgCl 参比电极和对电极自制了一种基于丝网印刷电极芯片的适体传感器，用于同时检测氯霉素中的孔雀石绿。他们将标记 ssDNA 的 CdS 量子点和与两种适配体互补的鲁米诺-金纳米粒子（L-Au NPs）分别修饰在两个工作电极上作为阴极和阳极电化学发光体。然后，将连接适配体的电化学发光猝灭剂引入电极表面，导致电化学发光强度降低，并在目标存在时信号会恢复。Khoshfetrat[21] 等人报道了一种用于单核苷酸多态性（SNPs）可视化基因分型的无线电化学发光双极电极（BPE）阵列设备。在 BPE 阵列中，来自每个单独阳极的信号由两个驱动电极控制，驱动电位通过电解质溶液施加，溶液中的电位下降引起沿 BPE 长度的电位差。在靶与 BPE 阵列阳极上修饰的 DNA 探针杂交后，通过暴露于不同的单碱基修饰的鲁米诺-铂纳米粒子（M-L-Pt NPs）来监测不同 SNPs 的基因分型，其与错配位点杂交并产生电化学发光，同时在阴极电极处 O$_2$ 会减少。最近，Liu[22] 及同事开发了一种纸质的 BPE 电化学发光装置，用于致病菌的检测（图 8.5）。首先，他们使用蜡网印刷在滤纸上形成亲水通道，再使用丝网印刷得到碳基 BPE，并将电极驱动到通道中。然后，他们设计了一个"光开关"分子 [Ru(phen)$_2$dppz]$^{2+}$ 作为电化学发光传感器。由于吩嗪中氮原子的质子化，该分子的电化学发光信号会发生猝灭，而在插入靶诱导的聚合酶链式反应（PCR）扩增的产物 ds-DNA 碱基对之后，电化学发光信号显著增强。该装置成功实现了对单核细胞增生李斯特氏菌基因组 DNA 的检测，并且检出限低至 10 拷贝/μL。

8.3.4　等离子体传感器

为了提高电化学发光生物传感器的分析性能，各种先进的纳米材料被引入来调节电化学发光信号，如石墨烯、金纳米材料和量子点等。然而，纳米载体的不均匀性和非均质性可能导致电化学发光信号发生偏差。此外，发光团泄漏和纳米载体的导电性差也是有待解决的问题。表面等离子体共振（SPR）发生在金属相和介电材料之间的界面，材料表面电子的表面等离子体在受到外部光辐射或强静电、磁场的激发后，呈现出集体振荡

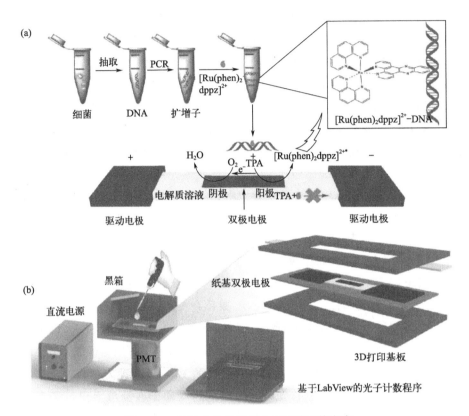

图 8.5　pBPE-电化学发光分子开关系统方案

（a）pBPE-电化学发光分子开关系统分析原理；（b）pBPE-电化学发光
分析系统工作流程，扩展示意图显示了 pBPE 芯片的结构[22]

波，沿介质与金属的边界传播。此外，SPR 现象不仅存在于贵金属中，也存在于 MoS_2 等半导体中[23]。等离子体效应已广泛应用于光催化、储能和生物传感器方面，尤其是在电化学发光生物传感领域，发挥了重要的作用。

　　由于核酸的杂交或构象变化可以调节电化学发射器与等离子体结构之间的距离，因此，在基于等离子体的电化学发光生物传感器中，应用最广泛的是基因传感器。Liang[24] 等人报道了一种可以检测 K-RAS 基因的偏振电化学发光生物传感器。通常，发光团的电化学发光是各向同性的，因此，迄今为止大多数电化学发光方法依赖于电化学发光强度或波长的变化。然而，电化学发光与表面等离子体的耦合不仅会导致发光信号的放大，而且会导致电化学发光的极化角发生变化。通过制备 DNA 杂交的三明治结构，金纳米粒子与氟掺杂的硼氮（BN）量子点之间的距离缩短，从而对电化学发光极化产生了 SPR 耦合效应。在电极和检测器之间的偏振器的帮助下，观察到极化的电化学发光信号，提高了探测灵敏度。

Wang[25] 等人使用金纳米双锥作为等离子体单元，其独特的水平和垂直图案化结构提供了不同的等离子体性质，反映在共振峰位置和偏振吸光度上。因此，在金纳米双锥图案化结构处观察到 SnS_2 量子点的电化学发光极化现象。因为电化学发光极化受取向调节，极化分辨电化学发光用于分析肿瘤组织中 miRNA-21 和 miRNA-205 的表达水平。随后，Wang[26] 等人进一步合成了金纳米三角形，通过尖端放大效应增强了电化学发光信号。根据三个形状尖端的局部表面等离子体共振和偏振调制能力，制作了一种高偏振分辨电化学发光传感器来检测 miRNA-221。选择 SnS_2 量子点作为电化学发光发射极，其电化学发光是各向同性的。然而，在金纳米三角形存在的情况下，由 SnS_2 量子点产生的电化学发光由于强烈且均匀分布的热点区域而在方向角上表现出偏振特性。通过对双链杂交部分的 T7 外切酶切割，miRNA-221 的检测限为 0.71fmol/L。该研究中使用 SnS_2 作为感应 miRNA-21 的等离子体源。由于 SPR 效应诱导的电化学发光增强和链亲和素（SA）的特异性识别，在实际样品中实现了对 miRNA-21 的稳定和超灵敏定量检测。

为了在识别过程中进一步增加电化学发光信号，Li[27] 等人设计了金纳米枝晶作为等离子体增强器，这是因为多个尖端分支周围存在极强的电磁场（图 8.6）。同时，以嵌入茎环发夹结构的 DNA 四面体充当开关，调节电化学发光体 CdTe 量子点和电化学发光增强剂金纳米枝晶之间的距离。在没有靶向 DNA 的情况下，由于闭合的发夹结构，DNA 四面体显示出松弛状态。此时，CdTe 量子点的电化学发光信号被近端金纳米枝晶猝灭，并且由于荧光共振能量转移（FRET）效应而处于关断模式。然而，在靶向互补 DNA 存在的情况下，松弛的 DNA 结构变为杆状结构。结果，CdTe 量子点和金纳米枝晶之间距离的增加导致局域表面等离子体共振（LSPR）效应，引起电化学发光信号显著放大。最后，基于距离介导的 LSPR-电化学发光体系，通过 DNA 结构构型的变化来确定靶向 DNA 的浓度。

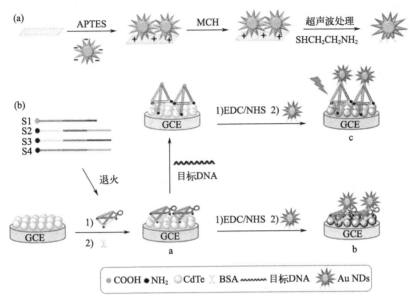

图 8.6　对 Au NDs 的逐步不对称修饰（a）和基于 DNA 四面体纳米晶体的 LSPR 增强电化学发光传感器（b）示意图[27]

除了贵金属作为等离子体源外，Liu[28] 等人还使用半导体 MoS_2 纳米片和硫掺杂的硼氮量子点开发了等离子体增强的电化学发光传感器。由于依赖距离的等离子体效应，采用可变长度的 DNA 链来控制两者之间的距离。随着距离的逐渐增加，能量传递效率减弱，但表面等离子体耦合效应会相应增强。在控制细微距离后，可以采用杂交链式反应扩增来确定丙型肝炎病毒基因。

Lu[29] 等人使用空心金纳米笼作为 SPR 纳米结构来检测 DNA。电化学发光生物传感器以 $Ru(bpy)_3^{2+}$ 掺杂的二氧化硅纳米颗粒（RuSi NPs）作为电化学发光体，四面体 DNA 作为支架，以调节电化学发光体与发射极之间的距离。考虑到空心金纳米笼的等离子体吸收光谱与 RuSi NPs 的电化学发光光谱有重叠，两者之间可以在很大程度上发生电化学发光能量转移。此外，作者还采用了环状 DNA 扩增策略来提高金纳米笼的结合量和检测灵敏度。结果，在将 miRNA-141 引入溶液中后，电化学发光生物传感器中 miRNA-141 的结合使金纳米笼更接近 RuSi NPs。结果，降低的发光信号值与 miRNA-141 浓度有良好的线性关系。

Liu[30] 等人通过使用硫脲和 L-半胱氨酸等硫前体进行精确控制和调节，合成了各种氮化硼量子点。由于两种硫调节的氮化硼量子点具有不同的电化学发光波长，因此在放大的表面等离子体耦合电化学发光策略的指导下，设计了一种比率型无酶电化学发光传感器。该传感器最终通过靶催化发夹组装（CHA）扩增策略用于检测 BRAF 基因。双波长电化学发光传感器使用具有 535nm 电化学发光波长的量子点作为参考，并且使用具有 620nm 电化学发光波长的量子点作为分析标签。当金纳米颗粒通过 DNA 发夹接近其中一个量子点（620nm 发射）时，金纳米颗粒附近的电化学发光发生共振相互作用和信号放大，因此，比率型测量信号可以在 1pmol/L 到 1.5nmol/L 范围内实现对 BRAF 基因的检测。

Zhang[31] 等为了检测大鼠肉瘤病毒致癌基因 K-RAS，将磁等离子体 Fe_3O_4 核/Au 壳与 g-C_3N_4 量子点相结合，研制出三明治型电化学传感器。由于核-壳结构的中间空腔消除了 Fe_3O_4 纳米粒子与 Au 壳层之间的电子转移，因此核-壳结构表现出很强的表面等离子体耦合效应，从而增强了 g-C_3N_4 量子点的电化学发光强度。结果表明，三明治传感器在 DNA 测定中表现出优异的分析性能。表面等离子体增强的电化学发光效应受到 Au NPs 的电化学发光带和吸收带光谱重叠的限制。为了进一步讨论波长相关的等离子体增强电化学发光，Zhang[32] 等人合成了掺硫石墨相氮化碳量子点来提高电化学发光效率。该波长依赖性生物传感器为 K-RAS 检测提供了高效的方法。

在表面等离子体增强电化学发光体系中，控制电化学发光体与等离子体增强器（如 Au NPs）之间的距离至关重要。Feng[33] 等人提出了一种以 DNA 模板化的银纳米簇作为电化学发光体，Au NPs 作为 LSPR 来源检测 miRNA-21 的方法。他们通过调节发光团与 Au NPs 之间的距离，并通过电沉积时间控制 Au NPs 的适当尺寸，开发了光学 LSPR 增强电化学发光检测 miRNA 的策略，灵敏度为 0.96amol/L。Yang[34] 等人基于 ECL-RET 策略开发了一种直接快速实现循环肿瘤 DNA（ctDNA）检测的方法。他们在电极表面引入经 Au NPs 修饰的发夹 DNA 探针，由于 ECL-RET 的作用，电化学发光信号发生了规律性的减弱。靶 DNA 分子退火到 Au NPs 探针后，Au NPs 与量子点之间的距离增加导致电化学发光强度也随之增加。与传统的 ctDNA 电化学生物传感器相比，基于 ECL-RET 的生物传感器在实际应用中具有更大的潜力。

8.4　展望

近些年来，基于不同的信号输出模式和固定方法，并结合各种信号放大策略，电化学发光基因传感器得到了蓬勃的发展，已然成为了一种高效的分析工具，并广泛应用于医疗诊断、生物制药、食品安全、环境监测等诸多领域。但是，就目前而言，电化学发光基因传感器的发展和创新主要有两条路径：①信号放大策略，通过巧妙的设计，将多个信号放大反应组合在一起，可以实现高效的电化学发光；②新型材料的开发，不断开发具有高发光效率、高稳定性和电催化性能的新材料，或是开发能够加速电子转移和提高电化学发光体系反应速率的共反应物材料。在这方面，得益于纳米技术的快速发展，各种纳米材料，如碳纳米材料、贵金属纳米材料、等离子体纳米材料、半导体纳米材料和导电聚合物纳米材料在电化学发光基因传感中的应用也在不断增加。此外，DNA 纳米技术的深入研究已经克服了 DNA 作为遗传物质的局限，使得 DNA 不再局限于作为基于 DNA 的电化学发光生物传感器的捕获探针或信号杂交探针。通过基于互补碱基配对原理的精确结构设计，用于构建多种形式和手段的生物传感器，如 DNA 分子马达、DNA 步行器、DNA 机器人等，这些研究都为生物传感器领域带来了一个新的视角。

展望未来，电化学发光基因传感器的研究仍有许多问题需要克服和改进。例如，目前电化学发光基因传感器主要集中在单组分检测上，现有的双组分检测研究大多是基于两种发光试剂实现共同检测，并进行交叉反应。然而，极少数使用一种发光试剂的传感装置需要建立复杂的数学模型，较为费力和耗时。因此，在电化学发光双组分检测中，用一种发光试剂实现双组分检测，是今后需要解决的问题之一。此外，构建通用的电化学发光基因传感平台，解决传统生物传感器难以再生的问题，可以最大限度地减少再生步骤，降低实验成本，也应该是未来研究的重点。此外，实现电化学发光基因传感技术的小型化将是未来产品商业应用的重点。结合微电极阵列技术和微流控平台，从实验室生物传感检测工具扩大到向商业化生物医疗领域的应用将越来越受到关注。

参考文献

[1] Rodriguez M, Bard A J. Electrochemical studies of the interaction of metal chelates with DNA. 4. Voltammetric and electrogenerated chemiluminescent studies of the interaction of tris(2,2'-bipyridine)osmium(Ⅱ) with DNA[J]. Analytical Chemistry, 1990, 62(24): 2658-2662.

[2] Xu X H, Bard A J. Immobilization and hybridization of DNA on an aluminum(Ⅲ) alkanebisphosphonate thin film with electrogenerated chemiluminescent detection [J]. Journal of the American Chemical Society, 1995, 117(9): 2627-2631.

[3] Miao W J, Bard A J. Electrogenerated chemiluminescence. 72. Determination of immobilized DNA and C-reactive protein on Au(111) electrodes using tris(2,2'-bi-pyridyl) ruthenium (Ⅱ) labels [J]. Analytical Chemistry, 2003, 75 (21): 5825-5834.

[4] Yuan R, Chen A Y, Ma S Y, et al. In situ electrochemical generation of electro-chemiluminescent silver naonoclusters on target-cycling synchronized rolling circle amplification platform for microRNA detection[J]. Analytical Chemistry, 2016, 88 (6): 3203-3210.

[5] Yuan R, Chen Y, Xiang Y, et al. A restriction enzyme-powered autonomous DNA walking machine: Its application for a highly sensitive electrochemiluminescence assay of DNA[J]. Nanoscale, 2015, 7: 981-986.

[6] Gao W H, Huang X, Huang X P, et al. Quenching of the electrochemiluminescence of RU-complex tagged shared-stem hairpin probes by graphene oxide and its application to quantitative turn-on detection of DNA[J]. Biosensors and Bioelectronics, 2015, 03(072): 0956-5663.

[7] Chen H Y, Feng Q M, Shen Y Z, et al. Dual-wavelength electrochemiluminescence ratiometry based on resonance energy transfer between Au nanoparticles functionalized g-C$_3$N$_4$ nanosheet and Ru(bpy)$_3$$^{2+}$ for microRNA detection[J]. Analytical Chemistry, 2016, 88(1): 937-944.

[8] Chen M, Zhao S, Yu L Y, et al. Boolean logic gate based on DNA strand displacement for biosensing: Current and emerging strategies[J]. Nanoscale Horiz, 2021, 6: 298-310.

[9] Chen L C, Zeng X T, Dandapat A, et al. Installing logic gates in permeability controllable polyelectrolyte-carbon nitride films for detecting proteases and nucleases [J]. Analytical Chemistry, 2015, 87(17): 8851-8857.

[10] Liu H Y, Lian W J, Yu X, et al. Biomacromolecular logic devices based on simultaneous electrocatalytic and electrochemiluminescence responses of Ru (bpy)$_3{}^{2+}$ at molecularly imprinted polymer film electrodes[J]. The Journal of Physical Chemistry C, 2015, 119(34): 20003-20010.

[11] Ju H X, Feng Y Q, Wang N N. Electrochemiluminescence biosensing and bioimaging with nanomaterials as emitters[J]. Science China Chemistry, 2022, 65: 2417-2436.

[12] Wang C Q, Qian J, Wang K, et al. Nitrogen-doped graphene quantum dots@ SiO$_2$ nanoparticles as electrochemiluminescence and fluorescence signal indicators for magnetically controlled aptasensor with dual detection channels[J]. ACS Applied Materials & Interfaces, 2015, 7(48): 26865-26873.

[13] Yuan R, Ma M N, Zhuo Y, et al. New signal amplification strategy using semicarbazide as co-reaction accelerator for highly sensitive electrochemiluminescent aptasensor construction[J]. Analytical Chemistry, 2015, 87(22): 11389-11397.

[14] Yuan R, Yu Y Q, Zhang H Y, et al. A sensitive electrochemiluminescent aptasensor based on perylene derivatives as a novel co-reaction accelerator for signal amplification[J]. Biosensors and Bioelectronics, 2016, 04(088): 0956-5663.

[15] Zhou H, Han T Q, Wei Q, et al. Efficient enhancement of electrochemiluminescence from cadmium sulfide quantum dots by glucose oxidase mimicking gold nanoparticles for highly sensitive assay of methyltransferase activity[J]. Analytical Chemistry, 2016, 88(5): 2976-2983.

[16] Zhao H F, Liang R P, Wang J W, et al. One-pot synthesis of GO/AgNPs/luminol composites with electrochemiluminescence activity for sensitive detection of DNA methyltransferase activity[J]. Biosensors and Bioelectronics, 2014, 07(079): 0956-5663.

[17] Yuan R, Gui G F, Zhuo Y, et al. The Ru complex and hollow gold nanoparticles branched-hydrogel as signal probe for construction of electrochemiluminescent aptasensor[J]. Biosensors and Bioelectronics, 2015, 09(016): 0956-5663.

[18] Rusling J F, Sardesai N P, Kadimisetty K, et al. A microfluidic electrochemiluminescent device for detecting cancer biomarker proteins[J]. Analytical and Bioanalytical Chemistry, 2013, 405: 3831-3838.

[19] Shamsi M H, Choi K, Ng A H C, et al. Electrochemiluminescence on digital microfluidics for microRNA analysis[J]. Biosensors and Bioelectronics, 2015, 10(036): 0956-5663.

[20] Jiang Q L, Feng X B, Gan N, et al. A novel "dual-potential" electrochemilumi-

nescence aptasensor array using CdS quantum dots and luminol-gold nanoparticles as labels for simultaneous detection of malachite green and chloramphenico[J]. Biosensors and Bioelectronics, 2015, 06(048): 0956-5663.

[21] Khoshfetrat S M, Ranjbari M, Shayan M, et al. Wireless electrochemiluminescence bipolar electrode array for visualized genotyping of single nucleotide polymorphism[J]. Analytical Chemistry, 2015, 87(16): 8123-8131.

[22] Liu W P, Liu H X, Yan X K, et al. Paper-based bipolar electrode electrochemiluminescence switch for label-free and sensitive genetic detection of pathogenic bacteria[J]. Analytical Chemistry, 2016, 88(20): 10191-10197.

[23] Zhu J J, Ma C, Zhang Z C, et al. Recent progress in plasmonic based electrochemiluminescence biosensors: A review[J]. Biosensors, 2023, 13, 200.

[24] Liang Z H, Wang P L, Zhao J Y. A polarization-resolved ECL strategy based on the surface plasmon coupling effect of orientational Au nanobipyramids patterned structures[J]. Chemical Engineering Journal, 2022, 448: 1385-8947.

[25] P L Wang, et al. A polarization-resolved ECL strategy based on the surface plasmon coupling effect of orientational Au nanobipyramids patterned structures[J]. Chemical Engineering Journal, 2022, 448: 1385-8947.

[26] Wang P L, Zhao J Y, Wang Z H, et al. Polarization-resolved electrochemiluminescence sensor based on the surface plasmon coupling effect of a Au nanotriangle-patterned structure[J]. Analytical Chemistry, 2021, 93(47): 15785-15793.

[27] Li M X, Feng Q M, Zhou Z, et al. Plasmon-enhanced electrochemiluminescence for nucleic acid detection based on gold nanodendrites[J]. Analytical Chemistry, 2018, 90(2): 1340-1347.

[28] Liu Y, Nie Y X, Wang M K, et al. Distance-dependent plasmon-enhanced electrochemiluminescence biosensor based on MoS_2 nanosheets[J]. Biosensors and Bioelectronics, 2020, 148: 0956-5663.

[29] Lu H J, Pan J B, Wang Y Z, et al. Electrochemiluminescence energy resonance transfer system between RuSi nanoparticles and hollow Au nanocages for nucleic acid detection[J]. Analytical Chemistry, 2018, 90(17): 10434-10441.

[30] Liu Y, Wang M K, Nie Y X, et al. Sulfur Regulated boron nitride quantum dots electrochemiluminescence with amplified surface plasmon coupling strategy for BRAF gene detection[J]. Analytical Chemistry, 2019, 91(9): 6250-6258.

[31] Zhang Q, Liu Y, Nie Y X, et al. Magnetic-plasmonic yolk-shell nanostructure-based plasmon-enhanced electrochemiluminescence sensor[J]. Sensors and Actuators B: Chemical, 2020, 319: 128245.

[32] Zhang Q, Liu Y, Nie Y X, et al. Wavelength-dependent surface plasmon coupling electrochemiluminescence biosensor based on sulfur-doped carbon nitride quantum dots for K-RAS gene detection [J]. Analytical Chemistry, 2019, 91 (21): 13780-13786.

[33] Feng X Y, Han T, Xiong Y F, et al. Plasmon-enhanced electrochemiluminescence of silver nanoclusters for microRNA detection[J]. ACS Sensors, 2019, 4 (6): 1633-1640.

[34] Yang X D, Liao M Y, Zhang H F, et al. An electrochemiluminescence resonance energy transfer biosensor for the detection of circulating tumor DNA from blood plasma[J]. iScience, 2021, 24: 103019.